U0339956

普通高等院校计算机基础教育系列规划教材

Visual Basic 程序设计

主　编　稂婵新　谭　亮　张少平

副主编　凌　琳　李光泉　李　娟　林晓伟

　　　　裴冬菊　邵　鹏　沈俊鑫

北京理工大学出版社

BEIJING INSTITUTE OF TECHNOLOGY PRESS

内 容 简 介

本书以 Visual Basic 6.0 中文版为背景，通过大量实例，深入浅出地介绍了 Visual Basic 6.0 的可视化环境、可视化编程的基本概念、基本内部控件和常用 ActiveX 控件的使用，以及用户界面设计、图形设计、数据库设计等实用技术。同时，内容涵盖了全国计算机等级考试二级的范围。

本书内容选取合理，由主讲 Visual Basic 多年的一线教师编写，凝聚了编者多年的教学经验，内容深入浅出，重点突出，难点详解，适于教学。此外，每章均配有习题，供学生复习使用。书中所有例题、习题中的程序均通过调试。

本书适合作为高等学校非计算机专业"Visual Basic 程序设计"课程的教材，也可作为编程爱好者的参考用书。

图书在版编目（CIP）数据

Visual Basic 程序设计 / 稂婵新，谭亮，张少平主编. —北京：北京理工大学出版社，2018.1
（2018.2 重印）

ISBN 978-7-5682-5125-9

Ⅰ. ①V…　Ⅱ. ①稂…②谭…③张…　Ⅲ. ①BASIC 语言-程序设计-高等学校-教材
Ⅳ. ①TP312

中国版本图书馆 CIP 数据核字（2017）第 331458 号

出版发行 / 北京理工大学出版社有限责任公司
社　　址 / 北京市海淀区中关村南大街 5 号
邮　　编 / 100081
电　　话 / （010）68914775（总编室）
　　　　　（010）82562903（教材售后服务热线）
　　　　　（010）68948351（其他图书服务热线）
网　　址 / http://www.bitpress.com.cn
经　　销 / 全国各地新华书店
印　　刷 / 三河市天利华印刷装订有限公司
开　　本 / 787 毫米×1092 毫米　1/16
印　　张 / 17.5
字　　数 / 412 千字
版　　次 / 2018 年 1 月第 1 版　2018 年 2 月第 2 次印刷
定　　价 / 43.80 元

责任编辑 / 王玲玲
文案编辑 / 王玲玲
责任校对 / 周瑞红
责任印制 / 施胜娟

前　言

Visual Basic 是用于开发 Windows 环境下应用程序的一种可视化编程语言，具有功能强大、易学等特点。该语言在可视化编程技术、组件技术、图形用户界面设计及应用程序开发等方面具有强大的功能，深受广大编程人员的喜爱。"Visual Basic 程序设计"课程是程序设计类课程中最重要的课程之一。

本书以 Visual Basic 6.0 中文版为背景，通过大量实例，深入浅出地介绍了 Visual Basic 6.0 中文版的可视化编程、可视化编程的基本概念、基本内部控件和常用 ActiveX 控件的使用，以及用户界面设计、图形设计、数据库设计等实用技术。同时，内容涵盖了计算机等级考试的范围。

本书具有以下特点：

内容选取合理。Visual Basic 功能强大，内容繁多，学习内容的选择特别重要。编者经过大量调查研究后，科学合理地选定了本书的内容。

通过大量实例由浅入深、循序渐进地讲解 Visual Basic 中难懂的概念。本书前几章的讲解比较详细，帮助学生理解掌握基本概念，使其具备一定的自学能力；后续章节叙述简明，鼓励学生举一反三，提高学习计算机语言的能力。

本书由主讲 Visual Basic 课程多年的一线教师编写。编者经过多年的教学实践，十分了解学生学习的难点，本书凝聚了编者的教学经验，重点突出，难点详解，适于教学。

每章均配有习题，供学生巩固所学知识。书中所有例题、习题中的程序均通过调试。

本书共分 13 章，教学中建议采用 32 学时模式。第 1 章 Visual Basic 概述，主要介绍 Visual Basic 的发展简史、功能特点及 Visual Basic 集成开发环境；第 2 章简单的 Visual Basic 程序设计，主要介绍 Visual Basic 中的窗体、标准控件（标签、文本框、命令按钮）及 Visual Basic 运行程序设计的一般步骤；第 3 章 Visual Basic 语言基础，主要介绍 Visual Basic 的基础语法，包括 Visual Basic 中的数据类型、变量与常量、运算符和表达式及常用内部函数；第 4 章顺序结构，主要介绍 Visual Basic 的赋值语句、InputBox()函数、MsgBox()函数、输出语句；第 5 章选择结构，主要介绍 Visual Basic 中实现选择的 if 语句和 select case 语句；第 6 章 VB 循环结构，主要介绍实现循环的 for 语句和 do…loop 语句，并且对常用的实际问题，如素数、百元百鸡、斐波那契数列、水仙花数等进行案例教学，还对常见错误进行总结提示；第 7 章数组，主要介绍数组的基本概念、基本操作、动态数组、控件数组及数组中常用的排序、查找算法；第 8 章过程，主要介绍过程的基本概念、参数的传递、变量作用域及递归等；第 9 章常用控件，主要介绍 Visual Basic 中的常用控件（单选按钮、复选框、框架、列表框、组合框、滚动条、计时器控件等）；第 10 章文件，主要介绍顺序文件、随机文件的读写操作；第 11 章用户界面设计，主要介绍应用软件的界面设计，包括菜单、对话框、工具栏、状态栏、多重窗体和多重文档等；第 12 章图形操作，主要介绍 Visual Basic 的图形控件、绘图方法；第 13 章数据库程序设计，主要介绍数据库相关概念、数据控件和数据库连接技术。

本教材中所给学时是建议学时，由于本教材所涉及的内容繁多，各学校的老师和学生的情况也不一样，在学习本书时，各校可以适当调整学时；对其中一些章节的内容也可以根据各校的实际情况进行删减处理。

本书由江西农业大学稂婵新、谭亮、张少平担任主编，江西农业大学凌琳、李光泉、李娟、裴冬菊、邵鹏及云南理工大学沈俊鑫、闽南师范学院林晓伟担任副主编。其中，第 1 章由李娟编写，第 2 章由邵鹏编写，第 3 章和第 10 章由稂婵新编写，第 4 章由沈俊鑫编写，第 6 章由裴冬菊编写，第 5 章由凌琳编写，第 7 章和第 8 章由谭亮编写，第 9 章由李光泉编写，第 11 章和第 13 章由张少平编写，第 12 章由林晓伟编写，全书由稂婵新统稿。

由于编者水平有限，书中疏漏与不足之处在所难免，敬请读者批评指正！

编　者

2018 年 1 月

CONTENTS 目录

第1章

Visual Basic 概述

Visual Basic（简称 VB）是 Microsoft 公司推出的基于 Windows 平台的应用软件开发工具。VB 源于 BASIC 语言，BASIC 是 Beginners' All-purpose Symbolic Instruction Code（初学者通用符号指令代码）的缩写。与其他高级语言相比，它的语法规则相对简单，容易理解和掌握，且应用范围广，被公认为最理想的初学者的语言，受到计算机爱好者的广泛好评。

Visual Basic 继承了 Basic 语言简单易学的优点，同时增加了许多新的功能，是当今世界上使用最广泛的编程语言之一，被公认为是编程效率最高的一种编程方法。从数学计算、数据库管理、客户/服务器软件、通信软件、多媒体软件到 Internet/Intranet 软件，都可以用 Visual Basic 开发完成。由于 VB 易学好用、编程效率高，目前被广泛采用。

1.1   Visual Basic 简介

1.1.1   Visual Basic 的发展

BASIC 语言诞生以来，在广泛使用中不断发展，主要经历了 4 个主要阶段。第一代为早期 BASIC，也称为基本 BASIC。它只有 17 条语句。第二代为微机 BASIC，以 GW-BASIC 为代表，是微软公司创始人比尔·盖茨研制的。微机 BASIC 语言能处理数据文件，能制作图形、动画、声音，是功能丰富的实用的程序设计语言。第三代是 20 世纪 80 年代中期出现的结构化 BASIC 语言，以 QBASIC 为代表。以上三代都是 DOS 环境下的编程语言。第四代是 1991年推出的 Windows 环境下的编程语言，就是本书所要介绍的 Visual Basic 语言。

Visual Basic 语言是开发 Windows 环境下图形用户界面软件的可视化工具。Visual 意指"可视的"，指的是采用可视化的开发图形用户界面（GUI）的方法，一般不需要编写大量代码去描述界面元素的外观和位置，只要把需要的控件拖放到屏幕上的相应位置即可。它引入了面向对象的概念，把各种图形用户界面元素抽象为不同的控件，如各种各样的按钮、文本框、

图片框等。Visual Basic 把这些控件模式化，为每个控件赋予若干属性和方法来控制其外观及行为。这样，在开发 Visual Basic 应用程序过程中，无须编写大量代码去描述界面元素的外观和位置，只要从其工具箱中把预先建立好的控件直观地加到屏幕上，就像使用"画图"之类的绘图程序，通过选择画图工具来画图一样，从而极大地提高了编程效率。

目前拥有用户最多的 Visual Basic 版本仍然是 Visual Basic 6.0，它包括三种版本：学习版、专业版和企业版。三种版本适合于不同的用户层次，大多数应用程序可在三种版本中通用。

1. 学习版（Learning Edition）

学习版是 Visual Basic 的基础版本，可用来开发 Windows 应用程序。该版本包括了所有内部控件（标准控件）、网格（Grid）控件及数据绑定控件。

2. 专业版（Professional Edition）

专业版包括了学习版的全部功能，同时还包括 ActiveX 控件、Internet 控件和报表控件等。该版本为专业编程人员提供了一套功能完备的开发工具。

3. 企业版（Enterprise Edition）

企业版是可供专业编程人员使用的，功能强大的客户/服务器或 Internet/Intranet 应用程序开发工具。它包括了专业版的全部功能，还增加了自动化管理器、部件管理器、数据库管理工具等。

本书以 Visual Basic 6.0 企业版作为学习环境，但书中程序仍然可在专业版中运行，大多数程序可在学习版中运行。为叙述方便，除特别声明外，在本书中，Visual Basic 6.0 简称 VB。

1.1.2　Visual Basic 的特点

VB 是目前所有图形用户界面程序开发语言中最简单、最容易使用的语言之一。VB 主要有以下特点。

1. 可视化（Visual）的程序设计工具

利用传统的程序设计语言进行程序设计时，需要花费大量的精力去设计用户界面，且在设计过程中看不到程序的实际显示效果，必须在程序运行时才能观察。如发现界面不满意，还要回到程序中去修改，这一过程常常需要反复多次。VB 提供的可视化设计平台，为程序员创造了所见即所得的开发环境，程序员不必再为界面设计而编写大量程序代码，只需按设计要求，用系统提供的工具在屏幕上"画出"各种对象，无须知道对象的生成过程，VB 将自动生成界面设计代码。程序员所要编写的只是实现程序功能的那部分代码。

2. 面向对象的程序设计思想

面向对象的程序设计是伴随 Windows 图形界面的产生而产生的一种新的程序设计思想。所谓对象，可以类比为现实生活中的可见"实体"。面向对象的编程方法，就是把程序和数据封装起来作为一个对象，并为每个对象赋予相应的属性。用户界面上的每个实体，如按钮、菜单、图片框及窗体本身，都是"对象"，这些对象就是由可视化编程工具"控件"派生出来的。程序设计的任务就是为不同的对象赋予不同的功能。

3. 事件驱动的编程方式

传统的编程方式是面向过程的，程序员必须考虑程序每一步执行的顺序，即程序的执行完全按事先设计的流程来运行，这无疑增加了程序员的思维负担。VB 引入了面向对象的概念，采用事件驱动式编程机制，在 VB 图形用户界面应用程序中，用户的动作（即事件）掌握着程序的运行流向，每个事件都驱动一段程序的运行。程序员在设计应用程序时，只要编写若干个具有特定功能的子程序（即事件过程和通用过程），这些过程分别面向不同的对象，无须考虑它们之间的先后次序，各过程的运行由用户操作对象时引发的某个事件来驱动。

4. 结构化的程序设计语言

结构化的程序设计语言，是指它能够方便地实现"自顶向下、分而治之、模块化"的程序设计方法。VB 是在结构化的 BASIC 基础上发展起来的，具有高级程序设计语言的结构化语句、丰富的数据类型、众多的内部函数，便于程序的模块化、结构化设计。其结构清晰，简单易学。在输入代码的同时，编辑器自动进行语法检查。在设计过程中，可随时运行程序，随时调试并改正错误，而在整个应用程序设计好后，可编译生成可执行文件（.exe），脱离VB 环境，直接在 Windows 环境下运行。

5. 交互式程序设计

传统高级语言编程一般都要经过三个步骤，即编码、编译和测试代码，其中每一步还需要调用专门的处理程序，而 Visual Basic 与传统的高级语言不同，它将这 3 个步骤的操作都集中在它的集成开发环境内统一处理，使得 3 个步骤之间不再有明显的界限，大大方便了设计人员的使用。在大多数语言中，如果设计人员在编写代码时产生错误，则只有在该程序编译时，错误才会被编译器捕获，此时设计人员必须查找并改正错误，然后重新进行编译。对于每一个发现的错误，都要重复这样的过程。而 Visual Basic 则不同，它采用交互式的在线检测式，即在设计人员输入代码时，便对其进行解释，即时捕获并突出显示其语法或拼写错误，使设计人员能及时发现错误并改正。

6. 开放的数据库功能与网络支持

VB 系统具有很强的数据库管理功能，不仅可以管理 MS Access 格式的数据库，还能访问其他外部数据库，如 FoxPro、Dbase、Paradox 等格式的数据库。另外，VB 还提供了开放式数据连接（ODBC）功能，可以通过直接访问或建立连接的方式使用并操作后台大型网络数据库，如 SQL Server、Oracle 等。在应用程序中，可以使用结构化查询语言（SQL）直接访问服务器上的数据库，并提供简单的面向对象的库操作命令、多用户数据库的加锁机制和网络数据库编程技术，为单机上运行的数据库提供 SQL 网络接口，以便在分布式环境中快速而有效地实现客户/服务器（Client/Server）方案。

1.2 Visual Basic 的运行环境、安装和启动

1.2.1 Visual Basic 的运行环境

在安装 VB 之前，必须先确定自己的计算机能否满足最低安装要求。VB 是一个 32 位的应用程序开发工具，其运行环境必须是 Windows 2000/NT/XP。最低配置如下：

① 运算速度 1 GB 以上的 CPU。

② 至少 64 MB 内存。

③ 至少 1 GB 硬盘空间。

④ 一个 CD-ROM 驱动器。

⑤ 800×600 像素以上分辨率的显示设备。

1.2.2 Visual Basic 的安装

VB 系统存放在一张安装光盘（CD）上。安装过程与其他 Microsoft 应用软件的安装过程类似，首先将 VB 安装盘放入光驱，然后在"我的电脑"或"资源管理器"中执行安装光盘上的 Setup 程序，启动安装过程，在安装程序的提示下进行安装。对于初学者，可采用"典型安装"方式，但该方式不会将系统提供的图库（即界面设计时可能用到的一些图形文件）装入计算机。另外，VB 联机帮助文件使用 MSDN（Microsoft Developer Network Library）文档的帮助方式，MSDN 与 VB 系统不在一张 CD 盘上，而与 Visual Studio 产品的帮助存于另外两张 CD 盘上，在安装过程中，系统会提示插入 MSDN 盘。

1.2.3 Visual Basic 的启动与退出

1. VB 的启动

Visual Basic 6.0 的启动方式主要有 3 种。

① 单击 Windows 桌面左下角的"开始"按钮，执行"开始"→"程序"→Visual Basic 6.0 菜单操作。

② 建立启动 Visual Basic 6.0 的快捷方式，通过快捷方式图标启动 Visual Basic 6.0。

③ 使用"开始"菜单中的"运行"命令，在"打开"栏内输入"C:\Program Files\Microsoft Visual Studio \VB98\VB6.exe"，单击"确定"按钮，即可启动 Visual Basic 6.0。

在成功启动 Visual Basic 6.0 之后，屏幕上会显示一个"新建工程"对话框，如图 1-1 所示。

2. VB 的退出

如果要退出 VB，可单击 VB 窗口的"关闭"按钮，或者选择"文件"菜单中的"退出"命令，VB 会自动判断用户是否修改了当前工程的内容，并询问用户是否保存文件或直接退出。

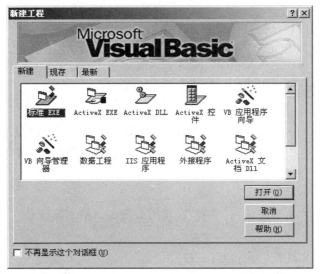

图 1-1 "新建工程"对话框

1.3 Visual Basic 的集成开发环境

Visual Basic 启动后，用户在对话框中选择一个要建立的工程类型，单击"打开"按钮，就进入了 Visual Basic 的集成开发环境。Visual Basic 的集成开发环境除了 Microsoft 应用软件常规的标题栏、菜单栏、工具栏外，还包括 VB 的几个独立的窗口，如图 1-2 所示。VB 应用程序的开发过程几乎都可以在集成环境中完成。

图 1-2 VB 应用程序集成开发环境

1. 标题栏

标题栏中显示的内容包括窗体控制菜单图标、当前激活的工程名称、当前工作模式及最小化、最大化/还原、关闭按钮。标题栏中的标题为"工程 1-Microsoft Visual Basic［设计］"，说明此时集成开发环境处于设计模式，在进入其他状态时，方括号中的文字会有相应的变化。VB 有如下三种工作模式。

（1）设计模式

创建应用程序的大多数工作都是在设计时完成的。在设计时，可以设计窗体、绘制控件、编写代码并使用"属性"窗口来设置或查看属性设置值，可进行用户界面的设计和代码的编写，完成应用程序的开发。

（2）运行模式

代码运行时，用户可与应用程序交流。可查看代码，但不能改动它。

（3）中断模式

即程序在运行的中途被停止执行。在中断模式下，用户可查看各变量及不是属性的当前值，从而了解程序执行是否正常。还可以修改程序代码，检查、调试、重置、单步执行或继续执行程序，但不可编辑界面。按 F5 键或单击"继续"按钮，程序继续运行；单击"结束"按钮，停止程序运行。在此模式中会弹出立即窗口，在窗口内可输入简短的命令，并立即执行，以便检查程序运行状态。

在标题栏中除了显示工程的名称和工作模式之外，在其最左端还有窗口控制菜单框，在其最右边还有最大化/还原按钮、最小化按钮和关闭按钮。

2. 菜单栏

Visual Basic 集成开发环境的菜单栏中包含 VB 所需要的命令，Visual Basic 的菜单栏中包括 13 个下拉菜单，这是程序开发过程中的常用命令。

① 文件（F）：用于创建、打开、保存工程及生成可执行文件等。

② 编辑（E）：用于程序源代码的编辑。

③ 视图（V）：用于查看对象和打开各种窗口。

④ 工程（P）：用于添加窗体、各种模块和控件。

⑤ 格式（O）：用于窗体控件的对齐格式化。

⑥ 调试（D）：用于程序的调试和查错。

⑦ 运行（R）：用于程序启动、设置中断和停止运行等。

⑧ 查询（U）：VB 6.0 新增，在设计数据库应用程序时用于设置 SQL 属性。

⑨ 图表（I）：VB 6.0 新增，在设计数据库应用程序时用于编辑数据库。

⑩ 工具（T）：用于集成开发环境下工具的扩展。

⑪ 外接程序（A）：用于增加或删除外接程序。

⑫ 窗口（W）：用于窗体的层叠、平铺等布局，以及窗体的切换。

⑬ 帮助（H）：用于在线帮助。

3. 工具栏及对象指示区

利用工具栏可快速访问常用的菜单命令。除了图 1-3 所示的"标准"工具栏外，还有"编辑""窗体编辑器""调试"等专用工具栏。要显示或隐藏工具栏，可以选择"视图"菜单的

"工具栏"命令，或在"标准"工具栏处单击鼠标右键，进行所需工具栏的选取。工具栏的右端是窗体或控件指示区，左边数字表示对象的坐标位置（窗体工作区左上角为坐标原点），右边数字表示对象的宽度和高度，其默认单位是 twip（1 英寸=1 440 twip），可以通过窗体的ScaleMode 属性改变。

图 1-3　Visual Basic "标准" 工具栏

4. 窗体设计窗口

窗体设计窗口简称窗体（Form），就是应用程序最终面向用户的窗口。在应用程序运行时，各种图形、图像、数据等都是通过窗体或窗体中的控件显示出来的。在设计状态，窗体中布满了排列整齐的网格点，如图 1-2 所示，这些网格方便设计者对控件进行定位。如果要清除网格点或者改变点与点之间的距离，可通过执行"工具"菜单中的"选项"命令，在其中的"通用"选项卡中调整。程序运行时窗体的网格不显示。窗体的左上角显示的是窗体的标题，右上角有三个按钮，其作用与 Windows 下普通窗口中的作用相同。

在设计应用程序时，窗体就像一块画布，程序员根据程序界面的要求，从工具箱中选取需要的控件，在窗体中画出来。一般地，窗体中的控件可在窗体上随意移动、改变大小，锁定后则不可随意修改。窗体设计是应用程序设计的第一步。

5. 工程资源管理器窗口

工程是指一个应用程序的所有文件的集合。工程资源管理器窗口（简称工程窗口）采用 Windows 资源管理器式的界面，层次分明地列出当前工程中的所有文件的清单，一般包括窗体文件（.frm）和标准模块文件（.bas）等类型文件，如图 1-4 所示。另外，每个工程对应一个工程文件（.vbp）。

（1）工程文件

工程文件的扩展名为.vbp，工程文件用来保存与该工程有关的所有文件和对象的清单，这些文件和对象自动链接到工程文件上，每次保存工程时，其相关文件信息随之更新。当工程

图 1-4　工程资源管理器窗口

的所有对象和文件被汇集在一起并完成编码以后，就可以编译工程，生成可执行文件。

（2）窗体文件

窗体文件的扩展名为.frm，该文件存储窗体上使用的所有控件对象和有关属性、对象的事件过程和通用代码等信息。每个窗体对应一个窗体文件，一个应用程序至少有一个窗体，

Visual Basic 程序设计

可以拥有多个窗体。执行"工程"菜单中的"添加窗体"命令或单击工具栏中的"添加窗体"按钮，可以增加一个窗体；而执行"工程"菜单中的"移除窗体"命令，可以删除当前的窗体。每建立一个窗体，工程窗口中就增加一个窗体文件，每个窗体都有一个不同的名字，可以通过属性窗口设计（Name 属性），窗体默认名称为 Form1、Form2、Form3 等。

（3）标准模块文件

标准模块文件的扩展名是.bas，它是为合理组织程序而设计的。标准模块是一个纯代码性质的文件，主要用来声明全局变量和定义一些通用的过程，它不属于任何一个窗体，可以被多个不同窗体中的程序调用。标准模块通过"工程"菜单中的"添加模块"命令来建立。一个标准模块对应一个标准模块文件。

在工程窗口的顶部还有三个按钮，分别是"查看代码""查看对象"和"切换文件夹"按钮。单击"查看代码"按钮可打开代码窗口，显示和编辑器代码；单击"查看对象"按钮可打开窗体设计窗口，查看和设计当前窗体；单击"切换文件夹"按钮则可以隐藏或显示文件夹中的个别项目列表。

6. 属性窗口

在 VB 集成环境的默认视图中，属性窗口位于工程窗口的下面。按 F4 键，或者单击工具栏中的"属性窗口"按钮，或者选取"视图"菜单中的"属性窗口"子菜单，均可打开属性窗口，如图 1-5 所示。

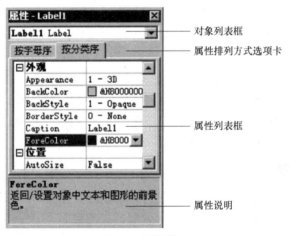

图 1-5　属性窗口

在 VB 中，窗体和控件被称为对象。每个对象都可以用一组属性来描述其特征，如颜色、字体、大小等，属性窗口就是用来设置窗体和窗体中控件的属性的。属性窗口中包含选定对象（窗体或控件）的属性列表，系统为每个属性预置了一个默认值，用户在进行程序设计时，可通过修改对象的属性来改变其外观和相关特性，这些属性值将是程序运行时各对象的初始属性。

属性窗口由以下部分组成：

（1）对象列表框

修改对象的属性首先要选定对象，对象列表框中显示了当前窗体和其中所有对象的名称及所属的类。单击右端的下拉箭头，可打开列表框，从中可选择要更改其属性的对象。

（2）属性排列方式选项卡

可采用"按字母序"或"按分类序"两种方式来显示所选对象的属性。

（3）属性列表框

其中列出了所选对象在设计模式下可更改的属性及其默认值，对于不同的对象，所列出的属性也不同。列表框左半边显示所选对象的所有属性名，右半边显示相应的属性值。用户可以选定某一属性，然后对该属性值进行设置和修改。在实际的应用程序设计中，没有必要设置对象的所有属性，大多数属性可以使用默认值。

（4）属性说明

显示当前属性的简要说明。可通过右键快捷菜单中的"描述"命令来切换显示或隐藏属性说明。

7. 代码窗口

代码窗口是专门用来进行程序代码设计的窗口，它可以显示和编辑程序代码，如图1-6所示。

图1-6　代码窗口

每个窗体都有各自的代码窗口。打开代码窗口有四种方法：双击窗体或控件、单击工程窗口中的"查看代码"按钮、选择"视图"菜单中的"代码窗口"命令、选择右键快捷菜单中的"查看代码"命令。

代码窗口主要包括如下内容：

① 对象下拉列表框。用来显示窗体及其所有对象的名称，供用户编写代码时选择操作对象，其中"通用"用来编写通用段代码，一般在此声明模块级变量或编写自定义过程。

② 过程下拉列表框。用来显示选定对象的所有事件名，供用户编写事件过程时选择触发事件。不同的对象会有不同的事件名。先在对象下拉列表框选择对象名，再在过程下拉列表框选择事件名，即可构成选中对象的事件过程模板，用户可在该模板内输入代码。

③ 代码区。是编辑程序代码的地方，能够方便地进行代码编辑和修改工作。

④ 代码查看按钮。窗口的左下角有"过程查看"按钮和"全模块查看"按钮，"过程查看"只显示所选的一个过程，"全模块查看"显示模块中所有过程。

在输入和编辑代码时，VB 提供了自动列出成员特性和在线提示函数语法特性。当要输入控件的属性和方法时，在控件名后输入小数点，VB 会自动显示一个下拉列表框，其中包含了该控件的所有成员（属性和方法），如图1-6所示。依次输入成员的前几个字母，系统会自动检索并显示出需要的成员，从列表中选中成员并按 Tab 键即可完成输入。当不熟悉控件有哪些属性时，该项功能非常有用。

如果系统设置禁止"自动列出成员"特性，可使用快捷键 Ctrl+J 获得该特性。

8. 工具箱窗口

工具箱窗口如图 1-7 所示，它由工具图标组成，这些图标是 VB 应用程序的构件，称为图形对象或控件，每个控件由工具箱中的一个图标来表示。工具箱主要用于应用程序的界面设计。在设计阶段，首先用工具箱中的工具（控件）在窗体上建立用户界面，然后编写程序代码。界面的设计完全通过控件来实现。

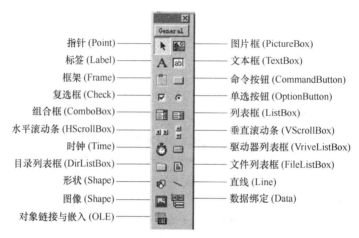

指针 (Point)	图片框 (PictureBox)
标签 (Label)	文本框 (TextBox)
框架 (Frame)	命令按钮 (CommandButton)
复选框 (Check)	单选按钮 (OptionButton)
组合框 (ComboBox)	列表框 (ListBox)
水平滚动条 (HScrollBox)	垂直滚动条 (VScrollBox)
时钟 (Time)	驱动器列表框 (VriveListBox)
目录列表框 (DirListBox)	文件列表框 (FileListBox)
形状 (Shape)	直线 (Line)
图像 (Shape)	数据绑定 (Data)
对象链接与嵌入 (OLE)	

图 1-7　工具箱窗口

VB 默认的工具箱中有 21 个图标，其中 20 个控件被称为标准控件（注意，指针不是控件，它仅用于移动窗体和控件，以及调整它们的大小）。用户也可通过"工程"菜单的"部件"命令将 Windows 中注册过的其他控件（ActiveX 控件）装入工具箱中。在设计状态时，工具箱通常是显示的，若不想显示工具箱，可以关闭工具箱窗口；若要再显示，可选择"视图"菜单的"工具箱"命令。在运行状态时，工具箱自动隐去。

9. 窗体布局窗口

窗体布局窗口中有一个表示屏幕的小图像，用来显示窗体在屏幕中的位置。可以用鼠标拖动其中的窗体小图标来调整窗体在运行时的位置。

10. 立即窗口

立即窗口主要用于程序调试。使用立即窗口可以在中断状态下查询对象的值，也可以直接在该窗口使用 Print 语句或"？"显示变量或表达式的值，还可以在程序代码中利用 Debug.Print 方法，把输出送到立即窗口。立即窗口如图 1-8 所示，前 3 行是输入的命令。

```
立即
a=3
b=4
? sqr(a*a+b*b)
 5
```

图 1-8　在立即窗口中输出表达式的值

1.4 Visual Basic 的帮助系统

Visual Basic 提供了功能非常强大的帮助系统，这是学习 VB 和查找资料的重要渠道。从 Microsoft Visual Studio 6.0 开始，Microsoft 将所有可视化编程软件的帮助系统统一采用全新的 MSDN（Microsoft Developer Network）文档形式提供给用户。MSDN 实际上就是 Microsoft Visual Studio 的庞大的知识库，完全安装后将占用超过 800 MB 磁盘空间，内容包含 Visual Basic、Visual Foxpro、Visual C++、Visual J++等编程软件中使用到的各种文档、技术文章和工具介绍，还有大量示例代码。

1.4.1 使用 MSDN Library 阅读器

MSDN Library 是用 Microsoft HTML Help 系统制作的。HTML Help 文件在一个类似于浏览器的窗口中显示，该窗口不像完整版本的 IE 那样带有所有工具栏、书签列表和最终用户可见的图标，它只是一个分为三个窗格的帮助窗口。可以用下面两种方法打开：

方法一：选择"开始"→"程序"→"Microsoft Developer Network"→"MSDN Library Visual Studio 6.0（CHS）"。

方法二：在 VB 窗口中，直接按 F1 键或选择"帮助"菜单下的"内容""索引"或"搜索"菜单项均可。

MSDN Library 查阅器的窗口打开后如图 1-9 所示。

图 1-9 MSDN Library 查阅器

1.4.2 上下文帮助

Visual Basic 的许多部分是上下文相关的。上下文相关意味着不必搜寻"帮助"菜单就能直接获得有关这些部分内容的帮助。例如，将光标放在代码窗口的 Sub 上，再按 F1 键，就会弹出 Sub 帮助信息窗口。

● 习 题1

一、选择题

1. 下面列出的程序设计语言中，（　　）不是面向对象的语言。

A. C

B. C++

C. Java

D. VB

2. 下列（　　）不属于 VB 6.0 的版本。

A. 学习版

B. 专业版

C. 企业版

D. 共享版

3. VB 中最基本的对象是（　　），它是应用程序的基石，是其他控件的容器。

A. 文本框

B. 命令按钮

C. 窗体

D. 标签

4. 下列选项中，不属于 Visual Basic 特点的选项是（　　）。

A. 面向图形对象

B. 可视化的程序设计

C. 事件驱动编程机制

D. 窗口中包含菜单栏和工具栏

5. 窗体设计器是用来设计（　　）的。

A. 对象的属性

B. 对象的事件

C. 应用程序的界面

D. 应用程序的代码段

6. 下面方法中，不能打开编码编辑器的是（　　）。

A. 单击"视图"菜单中的"代码窗口"命令

B. 双击窗体设计器中的窗体或控件

C. 单击窗体设计器的窗体或控件，单击工程资源管理器中的"查看代码"按钮

D. 单击窗体设计器的窗体或控件，单击标准工具栏中的"代码窗口"按钮

7. 在设计阶段，当双击窗体上的某个控件时，所打开的窗口是（　　）。

A. 工程资源管理器窗口

B. 工具箱窗口

C. 代码窗口

D. 属性窗口

8. 下列叙述中正确的是（　　）。

A. 只有窗体才是 VB 中的对象

B. 只有控件才是 VB 中的对象

C. 窗体和控件都是 VB 中的对象

D. 窗体和控件都不是 VB 中的对象

二、填空题

1. Visual Basic 6.0 包括的 3 个版本是＿＿＿＿＿＿、＿＿＿＿＿＿ 和 ＿＿＿＿＿＿。

2. ＿＿＿＿＿＿资源管理器中的窗体对象，能打开窗体设计器窗口。

3. 在 VB 中，按_____键可运行程序。

三、简答题

1. 简述 Visual Basic 的功能特点。

2. Visual Basic 6.0 有几个版本？它们之间有什么差异？

3. 什么是 Visual Basic 集成开发环境？请说出 Visual Basic 集成开发环境中各部分的名称和作用。

4. Viusal Basic 最低配置的运行环境是什么？

5. 什么是 MSDN？如何使用 MSDN？

6. 什么是上下文帮助？如何使用上下文帮助？

简单的 Visual Basic 程序设计

本章将介绍 Visual Basic 的一些基本概念，以及窗体与常用控件的常用属性、事件和方法，并通过具体的例子来说明 Visual Basic 应用程序设计的一般步骤。

2.1 Visual Basic 的一些基本概念

在用 Visual Basic 进行程序设计之前，首先要着重理解 Visual Basic 的类、对象、属性、事件、方法等几个重要的概念。正确理解这些概念是设计 Visual Basic 应用程序的基础。

2.1.1 对象和类

1. 对象

Visual Basic 作为新一代 Windows 环境的开发工具，其具有面向对象的特征。通常，对象被认为是现实生活中存在的各种物体，例如一个人、一本书、一辆汽车、一台电脑等都是一个个的对象。任何对象都具有各自的特征（属性）和行为（方法）。人具有性别、身高、体重、视力等特征，也具有起立、行走、说话、写字等行为。在 Visual Basic 中，将程序所涉及的窗体（Form）、各种控件（如 Command Button、Label）、对话框和菜单项等视为对象，并将反映对象的特征和行为封装起来，作为面向对象编程的基本元素。

2. 类

类是一个抽象的整体概念，对象是类的实例化。类与对象是面向对象程序设计语言的基础。以"学生"为例，说明类与对象的关系。学生是一个笼统的名称，是整体概念，我们把学生看成一个"类"，一个个具体的学生（比如你自己）就是这个类的实例，也就是这个类的一个个对象。

在 Visual Basic 中，工具箱窗口上的工具图标是 VB 系统设计好的标准控件类，有命令按钮类、文本框类等。通过将控件类实例化，可以得到真正的控件对象，也就是当在窗体上画一个控件时，就将类转换为对象，即创建了一个控件对象（简称为控件）。

如图 2-1 所示，工具箱窗口上的 TextBox 控件是类，它确定了 TextBox 的属性、方法和事件。窗体上显示的是两个 Text 对象，是类的实例化，它们继承了 TextBox 类的特征，具有移动光标定位到文本框及通过快捷键对文本内容进行复制、删除等功能，也可以根据需要修改各自的属性，例如文本框的大小、添加滚动条等。

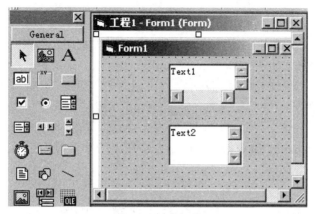

图 2-1　对象与类

窗体是个特例，它既是类，也是对象。当向一个工程添加一个窗体时，实际上就由窗体类创建了一个窗体对象。

在 VB 应用程序中，对象为程序员提供了现成的代码，提高了编程的效率。例如，图 2-1 中的 Text 对象本身具有对文本输入、编辑、删除的功能，用户不必再编写相应的程序。

2.1.2　属性

在 Visual Basic 中，所有对象都有各自的属性。它们是用来描述和反映对象特征的参数。例如，控件名称（Name）、标题（Caption）、颜色（Color）、字体（FontName）等属性决定了对象展现给用户的界面具有什么样的外观及功能。

不同的对象具有各自不同的一组属性，每个属性又可设置不同的属性值，VB 为每个属性预设了一个默认的属性值，用户可以通过以下两种方法修改或设置对象的属性：

方法一：在设计模式下，通过属性窗口直接设置对象的属性。

方法二：在程序的代码中通过赋值实现，其格式为：

```
对象.属性=属性值
```

例如：

```
cmdDisp.Caption="显示"
```

2.1.3　事件及事件过程

1. 事件

事件即对象响应的动作，是 Visual Basic 预先定义的对象能识别的动作。每个对象都有一

系列预先定义好的对象事件，如鼠标单击（Click）、鼠标双击（DblClick）、键盘按键（KeyPress）、鼠标移动（MouseMove）事件等。对于不同的对象，它能够识别的事件也不相同，同一事件，作用于不同的对象，会引发不同的反应，产生不同的结果。比如，上课铃声是一个事件，教师听到铃声就要准备上课，向学生传授知识；学生听到铃声，就要准备听教师上课，接收知识；行政人员不受影响，就可不予响应。

2. 事件过程

事件过程是附在该对象上的程序代码，是事件的处理程序，用来完成事件发生后所要做的动作。事件过程的形式如下：

```
Sub    对象名_事件过程名[（参数列表）]
    …(事件过程代码)
End Sub
```

例如，单击 Command1 命令按钮，使命令按钮上的字形改为粗体，则对应的事件过程如下：

```
Private Sub Command1_Click( )
Command1.FontBold = True    '将命令按钮上的字形改为粗体
End Sub
```

事件过程是依附于对象的，事件过程名由对象名（Name 属性值）、下划线、事件名组成，如 Command1_Click( )，它代表单击命令按钮的事件过程。VB 为每一个对象预设了若干个可能发生的事件，在编写程序时，并不要求对这些事件都编写事件过程，只要对实际需要的事件编写事件过程即可。没有编写代码的空事件过程，系统也就不处理该事件。

3. 事件驱动程序设计

Visual Basic 采用面向对象、事件驱动的编程机制。程序员只需编写响应用户动作的事件过程和通用过程，而不必考虑这些过程之间的存放次序和执行次序。程序启动后，系统等待某个事件的发生，一旦事件发生，系统将根据发生事件的对象和何种事件来找到相应的事件过程，然后去执行处理此事件的事件过程。待事件过程执行完后，系统又转入等待某个事件发生的状态，如此周而复始地执行，直到遇到 End 语句结束程序运行或单击"结束"按钮强行退出程序。这就是事件驱动程序设计方式。事件过程要经过事件的触发才会被执行，用户对事件驱动的顺序决定了整个程序的执行流程。因此，应用程序每次运行时所经过代码的路径可能是不同的。

2.1.4 方法

方法是面向对象程序设计语言为编程者提供的用来完成特定操作的过程和函数。在 Visual Basic 中已将一些通用的过程和函数编写好并封装起来，作为方法供用户直接调用，这给用户的编程带来了极大的方便。因为方法是面向对象的，所以在调用时一定要指明对象。对象方法的调用格式为：

[对象名.] 方法名[参数名表]

其中，若省略对象名，表示为当前对象，一般指当前窗体。

例如：

```
Form1.Print "欢迎使用 Visual Basic!"
```

此语句使用 Print 方法在对象为 Form1 的窗体中显示"欢迎使用 Visual Basic！"。

2.2 窗体的常用属性、事件和方法

窗体（Form）是一种特定的类，它用于定义一个窗口。窗体是设计 Visual Basic 应用程序的平台，几乎所有的控件都是添加在窗体上的，大多数应用程序也是由窗体开始执行的。

2.2.1 窗体的属性

窗体属性决定了窗体的外观和操作。通过修改窗体的属性可以改变窗体内在或外在的结构特征，控制窗体的外观。常用窗体属性见表 2-1。

表 2-1 常用的窗体属性

属性	含义
Name	窗体的名称
Caption	窗体标题栏中显示的标题
BackColor	窗体的背景颜色
BorderStyle	窗体的边框风格
ControlBox	决定窗体是否具有控制菜单
MaxButton	决定窗体右上角是否有最大化按钮
WindowState	通过取值决定窗体是正常、最小化还是最大化状态

2.2.2 窗体的事件

窗体的事件较多，最常用的事件有以下几种：

① Click/DblClick：单击/双击窗体触发。

② Load：窗体被装入时触发的事件。该事件通常用来在启动应用程序时对属性和变量进行初始化。

③ Unload 事件：卸载窗体时触发该事件。

④ Resize 事件：无论是因为用户交互，还是通过代码调整窗体的大小，都会触发一个 Resize 事件。

2.2.3 窗体的方法

窗体对象的常用方法有打印输出 Print、清除 Cls、移动 Move、显示 Show、隐藏 Hide 等。

1. Print 方法

形式：[对象.]Print[{Spc(n)|Tab(n)}][表达式列表][;|,]

作用：在对象上输出信息。

对象：窗体、图形框或打印机（Pinter），编写代码时，省略对象将默认在窗体上输出。

Spc（n）函数：插入 n 个空格，允许重复使用。

Tab（n）函数：左端开始向右移动 n 列，允许重复使用。

；（分号）：光标定位在上一个显示的字符后面。

，（逗号）：光标定位在下一个打印区的开始位置处。每个打印区占 14 列。

无表达式列表、分号、逗号：表示换行。

开始打印的位置是由对象的 CurrentX 和 CurrentY 属性决定的，缺省为打印对象的左上角，即 0,0。

【例 2-1】在窗体 Form1 的单击事件中写入如下代码，请输出运行结果。

```vb
Private Sub Form_Click( )
a = 10: b = 3.14: c = 100
Print "a="; a, "b="; b
Print "a="; a, "b="; b
Print "a="; a, "b="; b
Print                           '空一行
Print ; "a="; a, "b="; b
Print "a="; a, Tab(18); "b="; b
Print "a="; a, Spc(18); "b="; b
Print
Print "a="; a, "b="; b
Print Tab(18); "a="; a, "b="; b    '从第18列开始打印输出
Print Spc(18); "a="; a, "b="; b
End Sub
```

2. Cls 方法

格式：［对象.］Cls

作用：清除运行时在窗体或图形框中显示的文本或图形。

3. Move 方法

格式：[对象.]Move 左边距离[,上边距离[,宽度[,高度]]]

作用：用于在运行时移动窗体或控件，并可改变其大小。

其中：

对象：可以是窗体及除时钟、菜单外的所有控件。如省略了对象，表示为窗体。

左边距离、上边距离、宽度、高度：为数值表达式，默认以 twip 为单位，通常以对象的 Left、Top、Width 和 Height 属性值来表示。如果对象是窗体，则"左边距离"和"上边距离"以屏幕左边界和上边界为准，否则以窗体的左边界和上边界为准，宽度和高度表示改变其大小。

【例 2-2】移动对象。程序运行时单击窗体，使命令按钮 Command1 移到窗体的中心。

新建一个工程，在窗体左上角画一个命令按钮控件 Command1（设置 Name 属性为 C1），

如图 2-2 所示。

编写如下代码：

```
Private Sub Form_Load( )
Form1.Caption = "Move 方法示例"
C1.Caption = "按钮对象"
End Sub
Private Sub Form_Click( )
C1.Move Form1.ScaleWidth/2 - C1.Width/2, Form1.ScaleHeight/2 - C1.Height/2
End Sub
```

程序运行结果如图 2-3 所示。

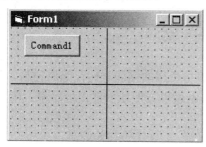

图 2-2　设计界面

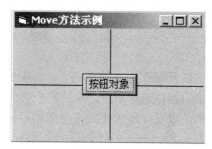

图 2-3　按钮移动到窗体中心

说明：

① ScaleWidth 与 ScaleHeight 是窗体的相对宽度与高度，即扣除窗体的边框和标题栏的高度。

② 移动窗体上的一个控件，实际就是改变该控件的 Left 和 Top 属性，所以也可以通过对位置属性赋值来实现。如上例单击事件过程可写成：

```
Private Sub Form_Click( )C1.Left = Form1.ScaleWidth/2 - C1.Width/2
C1.Top = Form1.ScaleHeight/2 - C1.Height/2
End Sub
```

4. Show 方法

Show 方法用于在屏幕上显示一个窗体，调用 Show 方法与设置窗体 Visible 属性为 True 具有相同的效果。

格式：窗体名.Show［vbModal|vbModeless］

说明：

① 它有两种可能值：vbModal（缺省）或 vbModeless，参数表示从当前窗口或对话框切换到其他窗口或对话框之前用户必须采取的动作。当参数为 vbModal 时，要求用户必须对当前的窗口或对话框做出响应，才能切换到其他窗口。

② 如果要显示的窗体事先未装入，该方法会自动装入该窗体再显示。

5. Hide 方法

Hide 方法用于使指定的窗体不显示，但不从内存中删除窗体。

格式：窗体名.Hide

说明：当一个窗体从屏幕上隐去时，其 Visible 属性被设置成 False，并且该窗体上的控件也变得不可访问，但对运行程序间的数据引用无影响。若要隐去的窗体没有装入，则 Hide 方法会装入该窗体，但不显示。

【例 2-3】实现将指定的窗体在屏幕上进行显示或隐藏的切换。

为了实现这一功能，可以在窗体 Form1 的"代码"窗口中输入下列代码：

```
Private Sub Form_Click( )
  Form1.Hide                    ' 隐藏窗体
  MsgBox "单击按钮，使窗体重现屏幕"    ' 显示信息
  Form1.Show                    ' 重现窗体
End Sub
```

2.3　控 件 对 象

用 VB 开发程序就像盖房子，其中控件就像是盖房子用的钢筋、砖瓦等原材料。程序员使用不同的控件进行组合，并且设置其内部的联系，就可以方便地创建出程序来。在 VB 中，控件是预先定义好的能够直接使用的对象。

2.3.1　VB 中控件的类型

1. 内部控件

有时称为标准控件，在默认状态下，工具箱中显示的控件都是内部控件，这些控件被"封装"在 VB 的 EXE 文件中，不可从工具箱中删除。如命令按钮、单选按钮、文本框等控件。

2. ActiveX 控件

这类控件单独保存在.ocx 类型的文件中，其中包括各种版本 VB 提供的控件，如数据绑定网格、标准公共对话框、动画和 MCI 等控件。另外，也有许多软件厂商提供的 ActiveX 控件。使用这类控件前，要先用"工程"菜单的"部件"命令将其装入工具箱中。

3. 可插入的对象

这类控件由用户根据需要随时创建。这种控件用于将利用 Microsoft Office 组件制作的内容（如 Excel 工作表或 PowerPoint 幻灯片等）作为一个对象添加到工具箱中。

2.3.2　控件的画法

将工具箱中的控件添加到窗体中的过程称为"画控件"。

画控件有两种方法：

① 单击工具箱中的控件按钮，在窗体上拖动鼠标画出控件，画出的控件大小和位置可随意确定。

② 双击工具箱中的控件按钮，在窗体的中央自动出现控件，控件的大小和位置是暂时固定的。

2.3.3　控件的缩放和移动

在窗体上画出控件后，控件的边框上有八个蓝色小方块（称为控点），这表明该控件是"活动"的，通常称为当前控件。单击控件，可以使之成为当前控件。对于选中的控件，可以用两种方法进行缩放和移动：

① 直接使用鼠标拖动控件到需要的地方。用鼠标指向控点，当指针变为双向箭头时，拖动鼠标便可改变控件的大小。

② 在属性窗口中修改某些属性来改变控件的大小和位置。与窗体和控件大小及位置有关的属性有：Left、Top、Width 及 Height。

2.3.4　控件的复制与删除

在窗体上，控件的复制和删除操作与 Windows 环境下文件的操作相同。

① 复制控件：选中控件，单击工具栏上的"复制"按钮，将控件复制到剪贴板中；单击工具栏上的"粘贴"按钮，这时由于复制的控件名称相同，系统会显示一个询问是否创建控件数组的对话框，如图 2-4 所示，单击"否"按钮，控件被粘贴到窗体的左上角，只要将它移动到适当的位置即可。复制品的所有属性与原控件的相同，只是名称属性（Name）的序号比原控件的大。

图 2-4　是否创建控件数组

② 删除控件：只需选中控件后按 Del 键，或右键单击活动控件，在快捷菜单中选择"删除"命令即可。

2.3.5　控件的布局

当窗体上存在多个控件时，需要对窗体上控件的排列、对齐、是否等大等格式进行调整操作。这些操作一般可以通过"格式"菜单完成。要调整多个控件之间的位置和大小关系，需要同时选定多个控件。常用的选定方法有两种：

① 在窗体的空白区域按下鼠标左键，拉出一个矩形框，将需要选中的控件圈上。

② 先按下 Shift 键，再用鼠标单击所要选中的控件。

注意，当选定多个对象时，其中必有一个并且只有一个是最后选择的对象，在这个对象的边缘上有 8 个实心小方块，其他被选对象的边缘上则是 8 个空心小方块。多控件的格式操作都是以最后选择的对象为基准的。在选定多个控件之后，就可以利用"格式"菜单（如图 2-5 所示）对其进行格式调整。

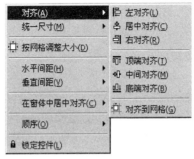

图 2-5 VB 的"格式"菜单

2.4 标 准 控 件

2.4.1 命令按钮

命令按钮（Command Button）是图形化应用程序中最常见的控件，用户能够通过简单的单击按钮来执行所希望的操作。只需要将相应代码写入其 Click 事件过程，单击按钮时会调用 Click 事件过程。命令按钮在工具箱中的图标为 ⌐ 。

下面介绍命令按钮的常用属性、事件和方法。对于命令按钮中介绍过的标准控件所共有的属性（如 Caption、Name、Font、Enabled、Visible、ForeColor、BackColor、Left、Top、Width、Height 等），在介绍其他控件时将不再重复。

1. 命令按钮的常用属性

（1）Name 属性：对象的名称

应用程序中的每个控件都必须有唯一的 Name 属性。Name 属性只能在属性窗口中进行修改，不能在程序运行的时候改变。

在窗体上放置一个控件时，Visual Basic 会给控件分配一个缺省的名字。但为了操作方便，提高程序的可读性，可以根据控件在程序中的实际作用，为其取一个合适的名称。控件的命名规则跟前面提到的变量的命名规则一致，为方便编写程序代码，建议对控件的命名尽量做到"见名知意"。

对控件起名时，微软都有相应的名称前缀建议，如命令按钮（Command Button）的缺省名称为 Command1、Command2、…，微软建议的名称前缀为 cmd。

VB 中其他控件的 Name 属性跟命令按钮的 Name 属性用法一样，以后不再介绍。

（2）Caption 属性：对象的标题

控件的 Name 属性是作为控件内部标识符给程序员看的，而 Caption 属性则是作为控件的外部标识来指引用户的。

Caption 属性的缺省值与控件的 Name 属性的缺省值相同，如新建名称为 Command1 的命令按钮，其 Caption 属性的初值也为 Command1。在进行程序设计的时候，一般都需要重新设置命令按钮的 Caption 属性，以说明该按钮的功能。

（3）Enabled 属性：设置是否响应，为逻辑型

命令按钮的 Enabled 属性设定或返回一个值，决定命令按钮是否响应用户生成的事件，

也就是命令按钮是否可用。如果这个属性设置为 True，那么控件就可以在程序运行时由用户操作；如果该属性设置为 False，则用户可以看到这个控件，但是不能操作它。此时，控件颜色表现为灰色或变淡，指示用户它是不可访问的，也就是不能响应用户产生的任何事件。这个属性的默认值为 True。

Enabled 属性可以在设计时在属性窗口设置，也可以在程序运行的时候通过赋值语句为其赋值。

Visual Basic 中其他控件的 Enabled 属性跟命令按钮的 Enabled 属性用法一样，以后不再介绍。

（4）Visible 属性：设置是否可见，为逻辑型

当命令按钮的 Visible 属性设为 False 时，控件是不可见的。当控件被隐藏时，它不响应用户产生的任何事件，但是可以通过代码访问它。在默认情况下，命令按钮的 Visible 属性为 True。Visible 属性可以在设计时在属性窗口设置，也可以在程序运行的时候通过赋值语句为其赋值。

（5）BackColor 属性：背景颜色

BackColor 属性返回或设置命令按钮的背景色。

（6）Style 属性：样式属性，为整型

Style 属性返回或设置命令按钮的外观，是标准的（0-Standard）还是图形的（1-Graphical），系统默认的是标准的（0-Standard）。

（7）Picture 属性：图片属性

Picture 属性返回或设置命令按钮上面显示的图形。BackColor 属性和 Picture 属性必须在 Style 属性设置为（1-Graphical）的时候才有作用。如果是标准的（0-Standard），命令按钮是标准的 Windows 按钮。

（8）Cancel 属性和 Default 属性：逻辑型

Cancel 属性返回或设置一个值，用来指示窗体中按钮是否为取消命令按钮。当 Cancel 属性设置为 True 时，该按钮就是取消按钮，用户在程序运行的时候按键盘上面的 Esc 键，就相当于单击了一下该按钮。默认情况下 Cancel 属性为 False。

Default 属性返回或设置一个值，用来指示窗体中的按钮是否为缺省命令按钮。当 Default 属性为 True 时，该按钮就是缺省命令按钮。如果窗体上其他控件不响应键盘事件，并且焦点不在其他命令按钮上，那么当用户按键盘上 Enter 键时，相当于单击了一下该按钮。一个窗体同时只能有一个命令按钮的 Cancel 属性或 Default 属性为 True，当设定其他按钮的 Cancel 属性或 Default 属性为 True 时，其他原来为 True 的按钮将自动变为 False。

（9）Font 属性组：字体属性组

Font 属性是一个对象，它包括 Name、Bold、Italic、Size、Underline、Strikethrough 等 6 个属性。Visual Basic 中其他控件的该属性用法与此类似。

① Font.Name 或 FontName 属性返回或设置在控件中显示文本所用字体的类型名称，该属性为 String 类型，默认为"宋体"。需要注意的是，在代码中设置字体的时候，字体一定要在系统中存在。

② Font.Size 或 FontSize 属性返回或设置在控件中显示文本的大小，该属性为 Integer 类型，默认为 9 号字。

③ Font.Bold 或 FontBold 属性返回或设置在控件中显示文本是否为粗体，该属性为 Boolean 类型，默认为 False。

④ Font.Italic 或 FontItalic 属性返回或设置在控件中显示文本是否为斜体，该属性为 Boolean 类型，默认为 False。

⑤ Font.Underline 或 FontUnderline 属性返回或设置在控件中显示文本是否加下划线，该属性为 Boolean 类型，默认为 False。

⑥ Font.Strikethrough 或 FontStrikethrough 属性返回或设置在控件中显示文本是否加删除线，该属性为 Boolean 类型，默认为 False。

（10）Left、Top 属性：位置属性（如图 2-6 所示）

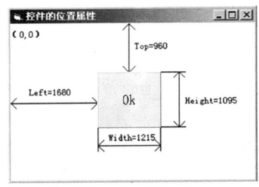

图 2-6　控件的位置属性

① Left 属性返回或设置控件左上角顶点的横坐标。

② Top 属性返回或设置控件左上角顶点的纵坐标。

（11）Width 属性和 Height 属性：大小属性

① Width 属性返回或设置控件的宽度。

② Height 属性返回或设置控件的高度。

以上这 4 个位置属性和大小属性对所有控件都有效，但对于有些在运行时不可见的控件，没有必要进行设置（如 Timer 控件）。

（12）Value 属性：逻辑型

在程序代码中设置命令按钮的 Value 属性为 True，相当于调用执行该命令按钮的 Click 控件。需要注意的是，Value 属性只能在代码窗口中设置，不能在属性窗口中设置。

（13）ToolTipText 属性：字符类型

ToolTipText 属性返回或设置鼠标在命令按钮上停留时的提示文本。一般用该属性来提示某个命令按钮的用处，对于图形按钮特别有效。例如，Visual Basic 编辑窗口的"资源管理器"按钮，当鼠标放到上面时，出现　　　　　　提示。

2. 命令按钮的常用事件

命令按钮的常用事件是 Click 事件，命令按钮的功能是通过编写命令按钮的 Click 事件程序代码来实现的。但是命令按钮无 DblClick 事件。

3. 设置焦点

焦点是接收用户鼠标或键盘输入的能力。当对象具有焦点时，可接收用户的输入。在

Microsoft Windows 界面，任一时刻可运行几个应用程序，但只有具有焦点的应用程序才有活动标题栏，才能接收用户输入。

例如，在有几个 TextBox 的 Visual Basic 窗体中，只有具有焦点的 TextBox 才显示由键盘输入的文本。

当对象得到或失去焦点时，会产生 GotFocus 或 LostFocus 事件。窗体和多数控件支持这些事件。

GotFocus 对象得到焦点时发生，LostFocus 对象失去焦点时发生。

如下方法可以将焦点赋给对象：

① 运行时选择对象；

② 运行时用快捷键选择对象；

③ 在代码中用 SetFocus 方法（控件名.SetFocus）。

有些对象，它是否具有焦点是可以看出来的。例如，当命令按钮具有焦点时，标题周围的边框将突出显示（图 2-7 中的 Command1 按钮）。只有当对象的 Enabled 和 Visible 属性为 True 时，它才能接收焦点。Enabled 属性允许对象响应由用户产生的事件，如键盘和鼠标事件。Visible 属性决定了对象在屏幕上是否可见。

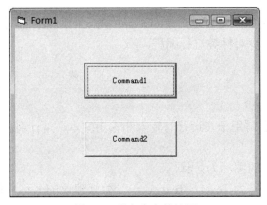

图 2-7　具有焦点的按钮

2.4.2　标签框控件

标签控件用来为其他没有标题的控件（如文本框、列表框、组合框等）进行说明，还可以用来显示一些程序运行过程中的提示信息。

工具箱中标签控件的图标为：**A**。

标签控件的默认名称为 Label1、Label2、…，微软建议的名称前缀为 lbl（特别注意，名称中的 l 是字母 L 的小写，不是数字 1）。

1. 标签框的常用属性

（1）Caption 属性：标题属性

基本用法与命令按钮的类似，不同的是，标签控件不能获得焦点。标签控件可以通过在字符前加一个"&"符号来设置访问键，按下 Alt+访问键后，焦点就会移到焦点顺序在标签后面的下一个可以获得焦点的控件上面。

（2）AutoSize 属性和 WordWrap 属性：扩展属性，为逻辑型

在缺省情况下，当输入的 Caption 的内容超过控件宽度时，文本不会自动换行，并且在超过控件高度时，超出部分会被裁减掉。为使控件能够自动调整，以适应内容多少，可将 AutoSize 属性设为 True，这样控件可水平扩展，以适应 Caption 内容。为使 Caption 内容自动换行并垂直扩展，应将 WordWrap 属性设为 True。

（3）Alignment 属性：对齐方式，为整数类型

Alignment 属性返回或设置标签中文本的对齐方式，当 Alignment 属性为 0（默认值）时，文本在标签中居左显示；为 1 时，文本居右显示；为 2 时，居中显示。

（4）BackStyle 属性：背景样式，为整数类型

BackStyle 属性返回或设置控件的背景样式是否透明。当属性值为 0 时，标签背景透明；当属性值为 1（默认值）时，标签背景不透明，背景色即 BackColor 属性所设置的颜色。

（5）BorderStyle 属性：边框样式，为整数类型

BorderStyle 属性返回或设置控件的边框样式。属性值为 0（默认值）时，无边框；为 1 时，有边框。

2. 标签框的常用事件

标签框的常用事件有 Click、DblClick、Change 等。但通常在程序设计时仅仅把标签作为一个显示文本的控件，很少对标签进行编程。

2.4.3 文本框

文本框（TextBox）通常用于在运行时输入和输出文本，是计算机和用户进行信息交互的控件。

工具箱中文本框控件的图标为：|abl|。

文本框控件的默认名称为 Text1、Text2、…，微软建议的名称前缀为 txt。

1. 文本框的常用属性

（1）Text 属性：文本属性，为字符串类型

Text 属性返回或设置文本框中的文本（类似于标签控件的 Caption 属性）。Text 属性是文本框控件最重要的属性之一，可以在设计时在属性窗口赋值，也可以在运行时在文本框内输入或通过程序代码对 Text 属性重新赋值。

（2）MaxLength 属性：设置字符长度，为整数类型

MaxLength 属性可以指定能够在文本框控件中输入的字符的最大数量。MaxLength 属性的取值范围为 0~65 535，默认值为 0。若在其取值范围内设定了一个非 0 值，则尾部超出部分将被截断。例如，将文本框 Text1 的 MaxLength 设置为 5，那么在 Text1 中只能输入 5 个字符。又如执行下面代码，文本框将只显示“Hello”。

```
Text1.MaxLength=5
Text1.Text="HelloWorld"
```

（3）MultiLine 属性：设置多行显示，为逻辑型

MultiLine 属性返回或设置文本框是否接受多行文本。

当 MultiLine 属性为 False（默认值）时，文本框中的字符只能在一行显示。

当 MultiLine 属性为 True 时，则可以在程序运行时在文本框中输入多行文本。另外，也可以在设计的时候在 Text 属性里面直接按 Ctrl+Enter 组合键来换行。在代码中通过给 Text 属性赋值也可以实现换行。方法是在需要换行的地方加入回车符（Chr（13）或 VbCr）和换行符（Chr（10）或 vbLf），也可同时将两个符号连起来用 vbCrLf 表示。

例如：Text1.Text=" 第 一 行 "+Chr(13)+Chr(10)+" 另起一行 "，或 Text1.Text=" 第一行 "+vbCr+vbLf+"另起一行"，或 Text1.Text="第一行"+vbCrLf+"另起一行"。

上面三条语句效果一样。MultiLine 属性只能够在程序设计的时候在属性窗口修改，不能通过程序代码来改变。

（4）ScrollBars 属性：滚动条属性，为整数类型

ScrollBars 属性返回或设置文本框是否有滚动条。当文本过长时，应该为文本框加滚动条以显示全部内容。ScrollBars 的具体属性值如下：属性值为 0（默认值）时，无滚动条；属性值为 1 时，加水平滚动条；属性值为 2 时，加垂直滚动条；属性值为 3 时，同时加水平和垂直滚动条。

只有 MultiLine 属性为 True 时，ScrollBars 属性才能起作用。ScrollBars 属性也只能在设计时在属性窗口中进行修改。

（5）PasswordChar 属性：密码文本框属性

PasswordChar 属性返回或设置一个值，当在文本框中输入文本时，用该值代替显示文本。该属性在设计密码程序时非常有效。其值只能为一个字符，默认值为空。只有 MultiLine 属性为 False，且 PasswordChar 值为非空格时，该属性设置才有效。

（6）文本编辑属性

① SelStart 属性，数值类型，设置或返回文本框内被选定文本的起始位置，从 0 开始计数。

② SelLength 属性，数值类型，设置或返回文本框内被选定文本的长度。

③ SelText 属性，字符串类型，设置或返回文本框内被选中的文本内容。

上述 3 个属性只能在程序设计过程中在代码中进行修改或赋值，不能在属性窗口设置。

2．跟剪贴板有关的常用方法

在 Windows 系统中，剪贴板是常用的工具，Visual Basic 可以方便地操作剪贴板（ClipBoard）对象，配合文本框来实现文本的复制、剪切和粘贴。剪贴板（ClipBoard）对象的常用方法有如下几个：

（1）Clear 方法

清除剪贴板的内容。用法：ClipBoard.Clear。

（2）GetText 方法

返回剪贴板内存放的文本。例如，要把剪贴板的内容复制到光标所在文本框内。

应用举例：Text1.SelText=ClipBoard.GetText。

当然，也可以把剪贴板的内容赋值给字符串变量。

应用举例：Str1=ClipBoard.GetText。

（3）SetText 方法

将指定内容送入剪贴板。

如将选中文本送入剪贴板：ClipBoard.SetText（Text1.SelText）。

将字符串常量送入剪贴板：ClipBoard.SetText（"Made In China！"）。

【例 2-4】完成一个简单的记事本程序的设计，要求可以对文本框中选中的内容进行复制、粘贴操作。

① 界面设计如图 2-8 所示。

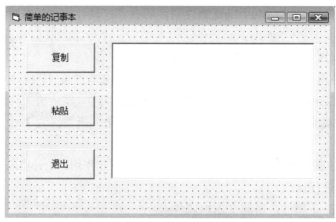

图 2-8　简单的记事本程序

各控件的属性设置见表 2-2。

表 2-2　属性设置

对象	属性	设计时属性值	说明
Form1	Caption	简单的记事本	
Text1	Multiline	True	只有当 Multiline 属性为 True 时，ScrollBars 设置才有效
Command1	Caption	复制	
Command2	Caption	粘贴	
Command3	Caption	退出	

② 代码设计：

```
Private Sub Command1_Click( )                    '复制
    Clipboard.SetText (Text1.SelText)
End Sub
Private Sub Command2_Click( )                    '粘贴
    Text1.SelText = Clipboard.GetText
End Sub
Private Sub Command3_Click( )
    End                                          '退出
End Sub
```

3. 文本框的常用事件

（1）Change 事件

当文本框的内容发生改变时，就触发该事件。

例如，如下代码：

```
Private Sub Text1_Change( )
   Print Text1.Text
End Sub
```

在文本框内输入"你好"二字时，窗体上面应该会输出两行，第一行为"你"，第二行为"你好"。

（2）KeyPress 事件

当用户在文本框内按任意有效键时都会触发该事件，跟 Change 事件不同，KeyPress 事件带有一个形参 KeyASCII，当调用该过程时，KeyASCII 返回按键的 ASCII 值。

【例 2-5】完成一个密码验证程序的设计。设初始密码为"12345"，要求在文本框内输入密码后确定，如输入正确，则显示"欢迎光临！"，否则显示"密码不符，请重新输入！"，同时清空文本框中的内容；要求最多允许输入 3 次密码，如果输入 3 遍后密码仍不吻合，显示"非法用户，请退出程序！"，文本框不能用。

① 界面设计如图 2-9 所示。

控件的部分属性见表 2-3。

图 2-9　密码验证框

表 2-3　属性设置

对象	属性	设计时属性值	说明
Label1	Caption	密码：	
Text1	Text		设置为空
Command1	Caption	确定	

② 代码设计：

```
Private Sub Command1_Click( )
 Static times As Integer          ' 静态变量，统计输入密码的次数
   times = times + 1              ' 用 times 变量表示输入第几次密码
   If Text1.Text = "12345" Then   ' 输入密码正确
     Label2.Caption = "欢迎光临！"
   Else
     If times < 3 Then            ' 输入密码不正确
       Msgbox("密码不符，请重新输入！")
       Text1.Text = ""
```

29

```
        Text1.SetFocus              ' 设置焦点，把光标自动放在文本框内
    Else                               ' 第三次密码不正确
        Msgbox("非法用户，请退出程序!")
        Text1.Text = ""
        Text1.Enabled = False
    End If
  End If
End Sub
```

2.5　Visual Basic 编程的一般步骤

2.5.1　Visual Basic 应用程序的组成

一个 Visual Basic 应用程序也称为一个工程，工程是用来管理构成应用程序的所有文件。工程文件一般主要由窗体模块文件（.frm）、标准模块文件（.bas）、类模块文件（.cls）组成。它们的关系如图 2-10 所示。

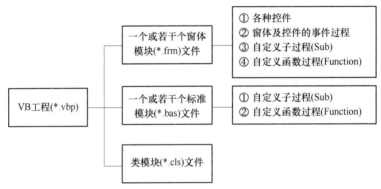

图 2-10　Visual Basic 应用程序中各文件的关系

2.5.2　创建应用程序的步骤

VB 可视化编程不需要编写大量的代码去描述界面元素的外观和位置，而是采用面向对象、事件驱动的方法。VB 的对象已被抽象为窗体和控件，因而大大简化了程序设计。用 VB 开发应用程序，一般包括三个主要步骤：建立用户界面、设置窗体和控件的属性、编写代码。

1．建立用户界面

用户界面由窗体和控件组成，所有控件都放在窗体上，程序中的所有信息都要通过窗体显示出来，它是应用程序的最终用户界面。在应用程序中要用到哪些控件，就在窗体上建立相应的控件。程序运行后，将在屏幕上显示由窗体和控件组成的用户界面。所以，要先建立窗体，然后在窗体上创建各种控件。

2. 设置窗体和控件的属性

建立界面后，就可以设置窗体和每个控件的属性。在实际的应用程序设计中，建立界面和设置属性可以同时进行，即每画完一个控件，接着就可以设置该控件的属性。当然，也可以在所有对象建立完成后再回来设置每个对象的属性。

对象属性的设置一般可在属性窗口中进行，其操作方法如下。

（1）设置窗体 Form 的属性

单击窗体的空白区域选中窗体，在属性窗口中找到标题属性 Caption，将其值改为"改变字体"，如图 2-11 所示。

（2）设置控件的属性

单击窗体上的控件，确认选中该控件，根据需要逐一设置控件的各属性。单击选中标签控件 Label1，将其 Caption 属性设为"欢迎使用 Visual Basic"；将其 AutoSize 属性改为"True"，使标签自动改变大小以适应文本的长短；在属性窗口找到并选中"字体"属性，单击其右边的对话框按钮，在打开的"字体"对话框中设置字体大小。依次单击选中命令按钮 Command1 和 Command2，分别将它们的标题属性 Caption 设为"黑体"和"楷体"。属性设置后的窗体如图 2-12 所示。

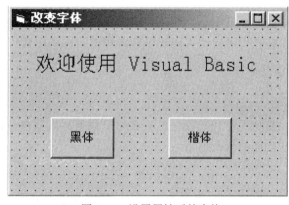

图 2-11 设置窗体 Form1 的属性　　　　　图 2-12 设置属性后的窗体

由于 VB 采用事件驱动编程机制，因此大部分程序都是针对窗体中各个控件所能支持的方法或事件编写的，这样的程序称为事件过程。例如，命令按钮可以接收鼠标事件，如果单击该按钮，鼠标事件就调用相应的事件过程来做出相应的反应。

下面以图 2-13 所示的"改变字体"程序为例，叙述可视化编程的一般步骤。

① 新建一个工程。

在 VB 中，开发的每个应用程序都被称为工程。新建一个工程有两种方法：

启动 VB 后，系统显示"新建工程"对话框，在"新建"选项卡中选择"标准 EXE"项，然后单击"打开"按钮。

选择"文件"菜单中的"新建工程"命令，在"新建工程"对话框中选择"标准 EXE"项，然后单击"确定"按钮。

采用上述任一种方法进入 VB 的集成开发环境，开始设计工程，即应用程序。系统默认的窗体只有一个 Form1。

② 添加控件。

　　向窗体中添加控件的方法是：单击工具箱中的"控件"图标，移动鼠标到窗体，鼠标指针变成十字形状，此时按下鼠标左键并拖动，即可在窗体上画出对应控件。在窗体 Form1 上绘出程序所需的控件，本例包括一个标签控件 Lable1，两个命令按钮控件 Command1、Command2，如图 2-14 所示，同类型控件的序号依次自动增加。

图 2-13　程序运行界面

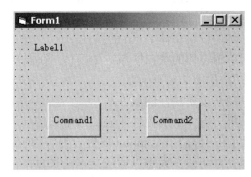

图 2-14　添加控件进行界面设计

3. 编写代码

　　编写代码只能在代码窗口进行。用前面介绍的方法首先打开代码窗口，接着在窗口的对象下拉列表框中选择对象 Command1，再在过程下拉列表框中选择 Click（单击）事件，此时系统在代码区自动生成该事件过程的首行和尾行代码：

```
Private Sub Command1_Click( )
 …
End Sub
```

　　首尾两行代码程序员不必重复输入，只要在首、尾两行代码之间输入该事件过程必须实现的功能的代码即可：

```
Private Sub Commandl Click( )
 Label1.FontName = "黑体"  '将标签中字体改为黑体
End Sub
```

　　用同样的方法输入命令按钮 Command2 的单击事件过程代码：

```
Private Sub Command2_Click( )
 Label1.FontName = "楷体_GB2312"
End Sub
```

　　输入事件过程代码如图 2-15 所示。

图 2-15　在代码窗口输入事件过程代码

4．运行工程

单击工具栏上的"启动"按钮或按 F5 键，即可运行工程，用户界面如图 2-16 所示。单击界面中的"黑体"或"楷体"按钮时，标签中的文字便改为相应的字体。单击窗体右上角"关闭"按钮，便可关闭该窗口，结束运行，返回窗体设计窗口。

5．修改工程

修改工程包括修改对象的属性和代码，或者添加新的对象和代码，或者调整控件的大小等，直到满足工程设计的需要为止。

6．保存工程

在程序调试正确后，需要保存工程，即以文件的方式保存到磁盘上。常用下面两种方法保存工程：

单击"文件"菜单中的"保存工程"或"工程另存为"命令，如图 2-16 所示。或单击工具栏上的"保存工程"按钮。

如果新建工程从未保存过，系统将打开"文件另存为"对话框，如图 2-17 所示。由于一个工程可能含有多种文件，如工程文件和窗体文件等，这些文件集合在一起才能构成应用程序。因此，在"文件另存为"对话框中，需注意保存类型，并且将窗体文件（.frm）保存到指定文件夹中。窗体文件存盘后，系统会弹出"工程另存为"对话框，保存类型为"工程文件（.vbp）"，默认工程文件名为"工程 1.vbp"，保存工程文件到指定文件夹中。建议将同一工程所有类型的文件存放在同一文件夹中。

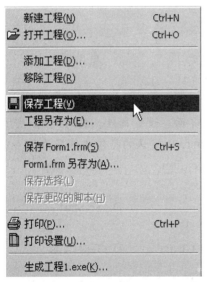

图 2-16　"文件"菜单的保存命令

图 2-17　"文件另存为"对话框

如果想保存正在修改的磁盘上已有的工程文件，可直接单击工具栏上的"保存工程"按钮，这时系统不会弹出"文件另存为"对话框。

7．工程的编译

当完成工程的全部文件之后，可将此工程转换成可执行文件（.exe），即编译工程。在

VB 中对程序（工程）的编译操作非常简单。首先在"文件"菜单中选择"生成工程 1.exe"命令，在打开的"生成工程"对话框中选择保存目标程序的文件夹和文件名，单击"确定"按钮即可生成 Windows 中的应用程序。

习　题 2

一、选择题

1. 以下叙述中错误的是（　　）。
A. 事件过程是响应特定事件的一段程序
B. 不同的对象可以具有相同名称的方法
C. 对象的方法是执行指定操作的过程
D. 对象事件的名称可以由编程者指定

2. 以下叙述中错误的是（　　）。
A. Visual Basic 是事件驱动型可视化编程工具
B. Visual Basic 应用程序不具有明显的开始和结束语句
C. Visual Basic 工具箱中的所有控件都具有宽度（Width）和高度（Height）属性
D. Visual Basic 中控件的某些属性只能在运行时设置

3. 为了装入一个 Visual Basic 应用程序，应当（　　）。
A. 只装入窗体文件（.frm）
B. 只装入工程文件（.vbp）
C. 分别装入工程文件和标准模块文件（.bas）
D. 分别装入工程文件、窗体文件和标准模块文件

4. 每建立一个窗体，工程管理器窗口就会增加一个（　　）。
A. 工程文件　　　　　B. 类模块文件　　　　C. 窗体文件　　　　D. 程序模块文件

5. Visual Basic 可视化编程有 3 个基本过程，依次是（　　）。
A. 创建工程、设计界面、保存工程　　　　B. 建立工程、设计对象、编写代码
C. 创建工程、建立窗体、建立对象　　　　D. 设计界面、设置属性、编写代码

6. 新建一个工程，将其窗体的名称属性设置为 MyFirst，则默认的窗体文件名为（　　）。
A. Form1.frm　　B. 工程 1.frm　　C. MyFirst.frm　　D. Form1.vbp

7. 文本框中选定的内容，由下列（　　）属性来反映。
A. SelText　　　B. SelLength　　　C. Text　　　D. SelStart

8. 执行后会删除文本框 Text1 中文本的语句为（　　）。
A. Text1.Caption=""　　B. Text1.Text=""　　C. Text1.Clear　　D. Text1.Cls

9. 下列属性用来表示各对象（控件）的位置的是（　　）。
A. Text　　　B. Caption　　　C. Left　　　D. Name

10. 将焦点主动设置到指定的控件或窗体上，应采用（　　）方法。
A. SetData　　B. SetFoucs　　C. SetText　　D. GetData

11. 标签框控件和文本框控件内的对齐方式由（　　）属性决定。
A. Alignment　　B. Multiline　　C. AutoSize　　D. Name

12. 在程序运行期间属性值不允许改变的属性是（　　）属性。

A. Caption   B. Name   C. BackColor   D. Enabled

13. 下列表达式错误的是（   ）。

A. Label1.Visible And Label2.Visible   B. Text1.Text+s$+Text2.Text

C.（Label1.Height+Label2.Width）/2   D. Text1.Index+Text1.Visible

14. 文本框的 ScrollBars 属性值为 3-Both，但是在文本框中却看不到水平与垂直滚动条，可能的原因是（   ）。

A. 文本框的 MultiLine 属性值为 False   B. 文本框的 MultiLine 属性值为 True

C. 文本框尚未输入内容   D. 文本框的 Locked 属性值为 False

15. 下列关于添加"控件"的方法正确的是（   ）。

A. 单击控件图标，将指针移到窗体上，双击窗体

B. 双击工具箱中的控件，即在窗体中央出现该控件

C. 单击工具箱中的控件，将指针移到窗体上，再单击

D. 用鼠标左键拖动工具箱中的某控件到窗体中适当位置

16. 下面有一程序，如果从键盘上输入"Testing"，则在文本框中显示的内容是（   ）。

```
Private Sub Text1_KeyPress(KeyAscii As Integer)
If KeyAscii >= 65 And KeyAscii <= 122 Then
KeyAscii = 65
End If
End Sub
```

A. A   B. Testing   C. AAAAAAA   D. 程序出错

17. 文本框 Text1 和 Text2 用于接受输入的两个数，求这两个数的乘积，错误的是（   ）。

A. y=Text1.Text * Text2.Text

B. y=Val（Text1.Text）* Val（Text2.Text）

C. y=Str（Text1.Text）* Str（Text2.Text）

D. 文本框的 Text 属性是字符型，所以以上语句都错误

18. 为了在按下 Esc 键时执行某个命令按钮的 Click 事件过程，需要把该命令按钮的一个属性设置为 True，这个属性是（   ）。

A. Value   B.Default   C. Cancel   D. Enabled

19. 假定窗体上有一个标签，名为 Label1，为了使该标签透明并且没有边框，则正确的属性设置为（   ）。

A. Label1.BackStyle=0:Label1.BorderStyle=0

B. Label1.BackStyle=1:Label1.BorderStyle=1

C. Label1.BackStyle=True:Label1.BorderStyle=True

D. Label1.BackStyle=False:Label1.BorderStyle=False

二、填空题

1. Visual Basic 中使用的控件一般分为三种,分别是_____、_____ 和_____。

2. Visual Basic 中创建的窗体文件扩展名是_____,每个工程对应的工程文件扩展名是_____。

3. 要使标签(Label)控件可换行显示并且可自动调节大小,需将其_____属性和_____

属性同时设置为 True。

4. 大多数控件都可设置其_____属性使其有效或无效，可设置其_____属性使其可见或不可见。

5. 将焦点定位于命令按钮 Command1 之上的语句为_____。

6. Text 文本框能接受的最长字符数由文本框的_____属性确定。

三、程序阅读题

1. 当程序运行后，在文本框 Text1 中输入 1234，写出窗体上的输出结果_____。

```
Private Sub Text1_Change( )
     Print Text1 & "-"
End Sub
```

2. 下面程序运行后，在文本框 Text1 中输入 6 并按 Enter 键后，写出文本框中显示的内容_____。

```
    Dim N%,M%
Private Sub Text1_Keypress (Keyascii As Integer)
If Isnumeric (Text1) Then          '判断是否为数字
   Select Case Val (Text1) Mod 2
     Case 0
       N=N+Val (Text1)
     Case 1
       M=M+Val (Text1)
   End Select
End If
Text1=""
Text1.Setfocus
IF Keyascii=13 Then
     Text1=N & M
End If
End Sub
```

3. 程序代码如下：

```
Private Sub Form_Load( )
  Label1.AutoSize = True
End Sub
Private Sub Text1_KeyPress(KeyAscii As Integer)
  Dim a As String * 1, b As String, n As Byte
  If KeyAscii = 13 Then
    b = Text1.Text: n = Len(b)
    For i% = 1 To n \ 2
a = Left(b, 1)
b = Right(b, n - 1) + a
```

```
Label1.Caption = Label1.Caption + b + Chr(13) + Chr(10)
Next i%
End If
End Sub
```

请写出在文本框 Text1 中输入 12345（以换行结束）后，标签控件 Label1 上的显示结果

_____。

四、简答题

1. 简述面向对象程序设计中类和对象的概念，并说明类与对象的关系。

2. 简述编写 VB 应用程序的步骤。

3. 简述如何打开控件工具箱。

4. 为什么需要生成.exe 可执行文件？是否可以将.exe 文件复制到任何计算机上运行？

5. 保存工程文件时，若不改变目录名，系统的默认目录是什么？

五、程序设计题

1. 窗体上设计两个文本框和两个标签框，标签上显示"摄氏温度"和"华氏温度"，文本框一个用于输入摄氏温度，另一个用于输出对应的华氏温度。摄氏温度 c 与华氏温度 f 的转换公式为 c=(5/9)*(f−32)。

2. 在窗体上有两个命令按钮和一个文本框，标题属性分别为"开始""结束"和 Text1。文本框 Text1 中的字符数不超过 200 个。程序刚开始运行时，"结束"按钮成灰色，单击"开始"按钮后，将文本框中的字符按其 ASCII 码的值由小到大自左至右重新组合，并在窗体上输出重组后的字符串，同时使"结束"按钮响应而"开始"按钮不能响应。

Visual Basic 语言基础

在第 2 章中，介绍了最简单的 VB 编程，使读者对 Visual Basic 有所了解，可利用控件快速地编写简单的小程序。但要编写真正有用的程序，离不开 BASIC 程序设计语言。VB 应用程序由"界面+程序代码"组成。编写代码是程序设计的一个重要部分，它对用户事件和系统事件做出响应以执行任务。VB 程序代码是在代码编辑窗口通过编写语句行，由语句经过有机组合构成的。

本章将介绍 VB 字符集、编码规则、数据类型、常量、变量、表达式和内部函数等 VB 语言程序设计的基础知识。

3.1   Visual Basic 语言字符集

Visual Basic 字符集就是指用 Visual Basic 编写程序时所能使用的所有符号的集合。若在编程时使用了超出字符集的符号，系统就会提示错误信息，因此首先一定要弄清楚 VB 字符集包括的内容。Visual Basic 的字符集与其他高级程序设计语言的字符集相似，包含字母、数字和专用字符 3 类，共 89 个字符。

字母：大写英文字母 A～Z；小写英文字母 a～z。

数字：0～9。

专用字符：共 27 个，见表 3-1。

表 3-1   Visual Basic 中的专用字符

符号	说明	符号	说明
%	百分号（整型数据类型说明符）	=	等于号（关系运算符、赋值号）
&	和号（长整型数据类型说明符）	(	左圆括号
!	感叹号（单精度数据类型说明符）	)	右圆括号
#	磅号（双精度数据类型说明符）	'	单撇号
$	美元号（字符串数据类型说明符）	"	双撇号
@	花 a 号（货币数据类型说明符）	,	逗号

符号	说明	符号	说明
+	加号	;	分号
−	减号	:	冒号
*	星号（乘号）	.	句号（小数点）
/	斜杠（除号）	?	问号
\	反斜杠（整除号）	_	下划线（续行号）
^	上箭头（乘方号）	□	空格键
>	大于号	\<CR\>	回车键
<	小于号		

3.2 编 码 规 则

VB 和任何程序设计语言一样，编写代码有一定的书写规则，其主要规定如下：

3.2.1 VB 不区分字母大小写

为了提高程序的可读性，VB 对用户程序代码进行自动转换：

① 对于 VB 中的关键字，首字母总被转换成大写，其余字母转换成小写。

② 若关键字由多个英文字母组成，它会将每个单词首字母转换成大写。

③ 对于用户自定义的变量、过程名，VB 以第一次定义的为准，以后输入的自动向首次定义的转换。

3.2.2 语句书写自由

① 在同一行上可以书写多条语句，语句间使用冒号"："分隔。

② 单行语句可分若干行书写，在本行后加入续行符（空格和下划线）。

③ 一行允许多达 255 个字符。

3.2.3 注释有利于程序的维护和调试

① 注释以 Rem 开头，但一般用单撇号"'"引导注释内容，用单撇号引导注释可以直接出现在语句后面。

② 也可以使用"编辑"工具栏的"设置注释块""解除注释块"按钮，使选中的语句增加注释或取消注释。

3.2.4 保留行号或标号

VB 源程序也接受行号与标号，但这不是必需的。标号是以字母开始而以冒号结束的字符串，一般用在转向语句中。对于结构化程序设计方法，应限制转向语句的使用。

3.3 数 据 类 型

Visual Basic 数据类型分为标准数据类型和自定义数据类型。

3.3.1 Visual Basic 的标准数据类型

标准数据类型是系统定义的数据类型，用户可以直接使用它们来定义常量和变量，表 3-2 列出了 Visual Basic 所支持的标准数据类型。

表 3-2　Visual Basic 标准数据类型

类型	关键字	类型符	占字节数	前缀	大小范围
字节	Byte	无	1	bty	0～255
逻辑型	Boolean	无	2	bln	True 或 False（−1 或 0）
整型	Integer	%	2	int	−32 768～32 767
长整型	Long	&	4	lng	−2 147 483 648～+2 147 483 647
单精度数	Single	!	4	sng	−3.40E38～3.40E38
双精度数	Double	#	8	dbl	正数：4.94D−324～1.79D308 负数：−1.79D308～−4.94D−324
字符型	String	$	与串长有关	str	0～65 535 个字符
货币型	Currency	@	8	cur	−922 337 203 685 477.580 5～922 337 203 685 477.580 7
日期型	Date	无	8	dtm	1/1/100～12/31/999 9
对象型	Object	无	4	obj	任何对象
通用类型 （变体类型）	Variant	无	根据实际 情况分配	vnt	上述有效范围之一

不同类型的数据，占用的存储空间不同，运行时速度也不同。因此，选择合适的数据类型，既可以节省存储空间，还可以优化程序的运行速度。并且，数据类型不同，对其处理的方法也不同，只有相同类型的数据才可以进行相互操作。

1. 数值型数据

VB 中数值型数据是指能够进行加、减、乘、除、乘方、取模等算术运算的数据。数值型数据包括：整型、实型、货币型和字节型数据。

（1）整型

整型数是不带小数点和指数符号的数。整型数可以分为整型和长整型，并且整型数和长整型数都有十进制、十六进制、八进制三种表示形式。

① 整型数（Integer）。

范围在−32 768～+32 767 之间，在内存中占用两个字节的存储空间。

十进制整型数只能包含数字 0～9、正负号（正号可以省略）。例如：25、−30、4 500。

十六进制整型数由数字 0～9、a～f 或 A～F 组成，并且以&H 引导。范围是&H0～&HFFFF。例如：&HA3、&HF。

八进制整型数由数字 0～7 组成，并且以&O 或&引导。范围是&O0～&O177777。例如：&O23、&47。

在整型数末尾可以加上类型标识符%。例如：68%、100%。

② 长整型数（Long）。

长整型数范围在−2 147 483 648～+2 147 483 647 之间，在内存中占用四个字节的存储空间。

十进制长整型数。例如：32 768、−435 210、15。

十六进制长整型数以&H 开头，以&结尾。范围是&H0～&HFFFFFFFF&。例如：&HFFFF3、&H5。

八进制长整型数以&O 或&开头，以&结尾。范围是&O0～&O37777777777&。例如：&O6743、&O3245632。

在长整型数末尾可以加上类型标识符&。例如：32768&、32&。

对于一般用户，通常情况下不必掌握八进制或十六进制数，因为计算机都能使用十进制数工作。但是，对某些任务来说，其他进制的数可能更合适。例如，设置控件的颜色时，使用十六进制数比十进制更方便直观。

（2）实型

实型数是带有小数部分的数，分为单精度数和双精度数。

① 单精度数（Single）。

单精度数在内存中占用四个字节的存储空间。单精度数可以有 7 位有效数字，小数点可以位于数字中的任何位置，正号可以省略。单精度数可以用定点形式和浮点形式表示。

单精度数的定点形式，例如：32.45、.65、−68.54。

单精度数的浮点形式是用科学计数法，即用 10 的整数次幂表示的数，用字母“E”（或“e”）表示底数 10。例如：3.2e4（3.2×10^4）、4.567e2（4.567×10^2）、2.35e−2（2.35×10^{-2}）。使用浮点形式需要注意两点：指数部分不能为小数，指数和底数中间不能用*连接。

例如：4.3e7.5、2.6*e3 都是错误的表示形式。

在单精度数末尾可以加上类型标识符!。例如：4.7!、−82.73!。

② 双精度数（Double）。

双精度数在内存中占用八个字节的存储空间。双精度数可以有 15 位有效数字，小数点可以位于数字中的任何位置，正号可以省略。双精度数也可以用定点形式和浮点形式表示。

双精度数的定点形式，例如：32.457 896 5、.065 762 345。

双精度数的浮点形式用科学计数法，用字母“D”（或“d”）表示底数 10。例如：3.4d8（3.4×10^8）、4.12d5（4.12×10^5）、1.356d−2（1.356×10^{-2}）。使用浮点形式时，同样需要注意上述两点。

在双精度数末尾可以加上类型标识符#。例如：4.876 543 21#、−23 482.873#。

（3）货币型（Currency）

货币型是为了计算货币而设定的数据类型，占用八个字节的存储空间。它支持小数点右边 4 位和小数点左边 15 位，取值范围为–922 337 203 685 477.580 5～922 337 203 685 477.580 7，是一个精确的定点数据类型。一般的数值型数据在计算机内是以二进制的方式进行运算的，因而有可能产生误差，而货币型数据是以十进制方式进行运算的，所以具有比较高的精确度。

在货币型数据末尾可以加上类型标识符@。例如：3.876@、–232.45@。

（4）字节型（Byte）

字节型数表示无符号的整数，范围是 0～255，占用一个字节的存储空间。因为字节型是无符号数，所以不能表示负数。

2. 字符型数据（String）

字符型数据是指字符和字符串，是用双撇号括起来的一串字符。下列都是合法的字符串："happy"、"2*3"、"我们"、""（空字符串）、" "（空格字符串）。有两种类型的字符串：定长字符串和变长字符串。

（1）定长字符串

定长字符串是在程序执行过程中，保持长度不变的字符串。例如：下列语句声明了一个长度为 10 个字符的字符串变量 a：

```
Dim a As String * 10
a = "beautiful "
```

如果赋给字符串的字符少于 10 个，则用空格将字符串变量中的不足部分填满；如果赋给字符串的字符多于 10 个，则截去超出部分的字符。

（2）变长字符串

变长字符串是指字符串的长度不固定。如果对字符串变量赋予新的字符串，它的长度就会发生变化。一个字符串如果没有定义成定长字符串，都属于变长字符串。例如：下列语句就声明了一个变长字符串 a。

```
Dim a As String
a = "beautiful"
a = "beauty"
```

说明：

① 字符串中包含的字符个数称为字符串长度。在 Visual Basic 中，把汉字作为一个字符处理。长度为 0（不包含任何字符的字符串）的字符串称为空字符串。

② 双撇号在程序代码中起字符串的界定作用。输出字符串时，不显示双撇号；从键盘上输入字符串时，也不需要输入双撇号。

③ 在字符串中，字母的大小写是有区别的。例如："baby"和"BABY"是两个不同的字符串。

3. 布尔型数据（Boolean）

布尔型数据占用两个字节的存储空间，用来表示逻辑判断的结果。布尔型数据只有两个值：True（真）和 False（假）。当布尔型数据转换为数值型时，True 转换为–1，False 转换为

0；当数值型数据转换为布尔型时，非 0 值转换为 True，0 转换为 False。

4. 日期型数据（Date）

日期型数据占用两个字节的存储空间，可以表示的日期范围是 100 年 1 月 1 日～9999 年 12 月 31 日，时间范围是 0:00:00～23:59:59。日期型数据用两个"#"号把表示日期和时间的值括起来。例如：#10/10/2005#、#4/5/2006#、#2:30:20 AM#。

5. 对象类型数据（Object）

对象类型数据用来表示应用程序中的对象，主要以变量形式存在。对象类型数据占四个字节的存储空间。

6. 可变类型数据（Variant）

可变类型数据能够表示所有系统定义类型的数据，把这些数据类型赋予可变类型数据时，Visual Basic 会自动完成两者的相互转换。例如：下列语句就声明了一个可变类型数据。

```
Dim a As Variant
a = 12
a = "xy" & 12
```

说明：在使用和定义数据时，需要注意以下一些问题：

① 如果数据包含小数，则应使用单精度、双精度或货币型。

② 所有的数值变量都可以相互赋值。将实型数据赋给整型时，VB 自动将小数部分四舍五入，而不是将其去掉。

③ 在 VB 中一般使用十进制，但有时也可以使用十六进制和八进制表示。表示值时，它们与十进制是等价的。

④ 在 VB 中，数值型数据都有一个有效的范围，如果数据超出规定的范围，就会出现"溢出"信息。如果小于范围的下限值，系统按 0 处理；如果大于范围的上限值，系统只按上限值处理，并显示出错信息。

3.3.2 自定义数据类型

如果用户还需要增加新的数据类型，可用 Visual Basic 的标准类型数据组合成一个新类型数据。例如，一个学生的"学号""姓名""性别""年龄""成绩"等数据，为了处理数据的方便，常常需要把这些数据定义成一个新的数据类型（如 Student），这种结构称为"记录"。Visual Basic 提供了 Type 语句让用户自己定义数据类型，形式如下：

```
Type  数据类型名                  Type  Student
    元素名1 AS 数据类型               Xh AS String
    元素名2 AS 数据类型               Xm AS String
    ...                              Xb AS String
    元素名n AS 数据类型               NI AS Integer
End Type                             Score AS Single
                                 End Type
```

3.4 常量与变量

计算机在处理数据时，必须将其装入内存，通过内存单元名来访问其中的数据。被命名的内存单元，就是常量或变量。

3.4.1 常量

在程序运行过程中，其值不能改变的量称为常量。在 VB 中有三种形式的常量：直接常量、符号常量和系统常量。

1. 直接常量

直接常量又称普通常量，可从字面形式上判断其类型，具体分为：数值常量、字符串常量、布尔常量、日期常量。

（1）数值常量

数值常量有 5 种类型：整数、长整数、单精度数、双精度数、字节数。

① 整数型（Integer）：表示 –32 768~32 767 之间的整数。例如：10、110、20。

② 长整型（Long）：表示 –2 147 483 648~2 147 483 647 之间的整数。例如：长整型常数的书写：23&。

通常所说的整型常量指的是十进制整数，但 VB 中可以使用八进制和十六进制形式的整型常数，因此整型常数有如下三种形式：

a. 十进制整数。例如 125、0、–89、20。

b. 八进制整数。以&或&O（字母 O）开头的整数是八进制整数，如&O25 表示八进制整数 25，即（25）8，等于十进制数 21。

c. 十六进制。以&H 开头的整数是十六进制整数，如&H25 表示十六进制整数 25，即（25）$_{16}$，等于十进制数 37。VB 中的颜色数据常常用十六进制整数表示。

③ 单精度实型（Single）：有效位数为 7 位，表示 –3.37E+38~3.37E+38 之间的实数，例如：4.345、3.67e2。

④ 双精度实型（Double）：有效位数为 15 位，例如：1234.23456、4.1245d5。

实型常量的表示：

a. 十进制小数形式。它是由正负号（+，–）、数字（0~9）和小数点（.）或类型符号（!、#）组成，即±n.n、±n! 或±n#，其中 n 是 0~9 的数字。例如：0.123、.123、123.0、123!、123#等都是十进制小数形式。

b. 指数形式。±nE±m 或±n.nE±m，±nD±m 或±n.nD±m。例如：1.25E+3 和 1.25D+3 相当于 1 250.0 或者 1.25×10^3。

（2）字符串常量

VB 中字符串常量是用双撇号""""括起来的一串字符，例如"ABC""abcdefg""123""0""VB 程序设计"等。

说明：

① 字符串中的字符可以是所有西文字符和汉字、标点符号等；

② ""表示空字符串，而" "表示有一个空格的字符串；

③ 若字符串中有双引号，例如 ABD"XYZ，则用连续两个双撇号表示，即"ABD""XYZ"。

（3）布尔常量

只有两个值 True 或 False。将逻辑数据转换成整型时，True 为-1，False 为 0；其他数据转换成逻辑数据时，非 0 值为 True，0 为 False。

（4）日期常量

日期型（Date）数据按 8 字节的浮点数来存储，表示日期范围从公元 100 年 1 月 1 日～9999 年 12 月 31 日，而时间范围为 0:00:00～23:59:59。

一种在字面上可被认作日期和时间的字符，只要用号码符"#"括起来，都可以作为日期型数值常量。例如：#09/02/99#、#January 4，1989#、#2002-5-4 14:30:00 PM#都是合法的日期型常量。

说明：当以数值表示日期数据时，整数部分代表日期，而小数部分代表时间。例如：1 表示 1899 年 12 月 31 日。大于 1 的整数表示该日期以后的日期，0 和小于 0 的整数表示该日期以前的日期。

2. 符号常量

在程序设计中，经常遇到一些多次出现或难以记忆的常量。用户可用常量定义的方法，用标识符命名代替应用程序中出现的常数值。这样，不仅可以提高代码的可读性和可维护性，还可以做到一改全改。

声明常量的语法为：

```
[Public|Private]Const <常量名> [As <数据类型>]=<表达式>
```

说明：

① 常量名由用户定义，命名规则与变量名的规则一样，并且可以在常量名后加类型标识符来指定该常量的类型（也可以不要类型标识符）。

例如：Const PI#=3.141 592 7，指定 PI 为双精度型数据；

Const x=12.34、Const z=143.4，指定 x、z 为单精度型数据。

② As<数据类型>是可选的，说明常量的数据类型。

③ 表达式由数值常量、字符串等常量及运算符组成，可以包含前面定义过的常量，但不能使用函数调用。

例如：

```
Const PI# = 3.1415927
Const P# = PI/3
Const e = "egg"
```

④ 在一行中定义多个常量要用逗号进行分隔。

例如：

```
Const x=23.56,y="plmm",z=143.4e2
```

⑤ Const 语句可以放在程序的不同位置。语句出现的位置不同，作用范围也不同。如果常量说明语句在过程内部，符号常量只能在该过程内有效；如果说明语句出现在窗体代码的声明部分中，则窗体及窗体中各控件的事件驱动都能使用这些被声明的常量。

3. 系统常量

VB 系统提供了应用程序和控件的系统定义常数。它们存放于系统的对象库中，可以在"对象浏览器"中查看内部常量。选择"视图"菜单中的"对象浏览器"，弹出如图 3-1 所示的"对象浏览器"窗口。"对象浏览器"中的 VB 和 VBA 对象库中列举了 VB 的常数。

例如：要将标签 Label1 的背景颜色设置为红色，可以使用下面的语句：

```
Label1.BackColor = vbGreen
```

这里的 vbGreen 就是系统常量，这比直接使用十六进制数来设置要直观得多。

又如，窗口状态属性 WindowsState 可取 0、1、2 三个值，对应三种不同状态。

在程序中使用语句 form1.WindowsState=vbMaxmized 将窗口极大化，显然要比使用语句 form1.WindowsState=2 易于阅读和理解。

图 3-1　"对象浏览器"窗口

3.4.2　变量

在程序执行过程中，其值可以发生变化的量称为变量。变量存放在动态存储区的单元中，变量的值允许多次更新。

1. 变量的命名规则

程序中每一个变量都要有一个名称，即变量名。通过变量名可以引用它所存储的数值。在 VB 中，对变量命名有如下规定：

① 变量名的第一个字母必须是字母，不能是数字或下划线。

② 变量名的长度不能超过 255 个字符。

③ 变量名中不能包含、[、]、+、-、*、/、?、&等字符。

④ 变量名不能使用 VB 关键字（保留字），例如：不能使用 Const 作为变量名。

⑤ 表示变量类型的类型说明符只能作为变量名的最后一个字符。

⑥ 在变量名中，大小写字母是等价的。如在同一个程序中，变量名 abc、ABC 表示相同的变量名。

⑦ 变量名中不能出现空格。

⑧ 在同一个程序模块中，不能出现相同的变量名。

根据以上原则，变量名 class_1、a%、classA 等均是合法的变量名，而 class#room、const、

8class、?class 等均是不合法的变量名。

说明：

① 变量命名最好见名知义，不要使用太长的变量名。例如：用 sum 表示求和，aver 表示求平均。

② 变量名不能与过程名和符号常量名同名。

③ 变量名尽量大小写，以便源代码的维护。例如：floatScore、intMin。

2. 变量的声明

VB 不要求在使用变量前特别声明。如果没有声明变量，VB 按照缺省的数据类型来处理，一般为可变类型。但是，在使用可变类型存储时，会浪费一些内存空间，并且有些数据类型不能和可变类型互相转换。所以，建议用户在使用变量前先声明，告诉程序要使用哪些数据类型。

声明变量就是用一个说明语句来定义变量的类型。其作用是在程序中使用变量之前，通知 VB 编译器需要开辟的存储单元及其类型。声明变量有两种方式：一种是显式声明，一种是隐式声明。

（1）显式声明

声明语句的语法为：

```
{Dim|Private|Static|Public}<变量名1>[As<类型1>][,<变量名2>[As<类型2>]]…
```

说明：

① Dim 语句用于说明变量的关键字。不同性质的变量使用不同的关键字。Dim 和 Private 用于声明私有的模块级变量或过程级局部变量，Static 用于声明过程级局部变量，Public 用于声明公有的模块级变量。

② 变量名遵守变量命名规则。

③ 类型用来定义被声明的变量的数据类型或对象类型，可以是标准类型或用户自定义类型。省略 As<类型>子句时，被声明的变量为可变类型。

例如：

```
Dim sum As Integer
Dim score As Single
Private total As Double
Public y As Data
Dim t
```

声明变量后，VB 自动将数值类型的变量赋初值 0，字符型或可变类型赋空串，布尔型赋 False。

（2）隐式声明

在 VB 中可以不定义变量，而在需要时直接给出变量名，变量的类型可以用类型标识符来标识，用这种方法声明变量称为隐式声明。隐式声明比较方便，并能节省代码，但是可能带来麻烦，使程序出现无法预料的结果，并且较难查出错误。

例如：

```
Price!
Number%
```

上述语句还可以写成：

```
Dim price!
Dim number%
```

在程序设计中，应该养成显式声明的良好习惯。要强制显式声明变量，可以在类模块、窗体模块或标准模块的声明段中加入语句 Option Explicit。或选择"工具"菜单执行"选项"命令，弹出如图 3-2 所示的对话框，选中"要求变量声明"后，系统要求对所有使用的变量都先声明再使用。

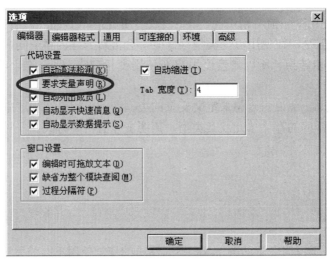

图 3-2 "编辑器"选项卡

（3）强制显式声明——Option Explicit 语句

良好的编程习惯都应该是"先声明变量，后使用变量"，这样做可以提高程序的效率，同时也使程序易于调试。Visual Basic 中可以强制显式声明，可以在窗体模块、标准模块和类模块的通用声明段中加入语句：Option Explicit。

3. 变量的默认值

当执行变量的声明语句后，VB 就给变量赋予一个默认值（初值），在变量首次赋值之前，一直保持这个默认值。对于不同类型的变量，默认值见表 3-3。

表 3-3 不同类型变量的默认值

变量类型	默认值（初值）
数值型	0（或 0.0）
逻辑型	False
日期型	#0:00:00#
变长字符串	空字符串（""）
定长字符串	空字符串，长度等于定长字符串的字符个数
对象型	Nothing
变体类型	Empty

3.5 运算符和表达式

运算是对数据的加工。运算符是各种不同运算的符号，例如：+、-。操作数是参与运算的数。表达式是由运算符、操作数及其他一些符号一起构成的式子。表达式是程序设计语言中的基本语法单位，用来表示某个求值规则。

每个表达式都产生一个值，不同类型数据构成的表达式所产生值的类型也不同。在 VB 中，有 5 种运算符和表达式：算术运算符和算术表达式、字符串运算符和字符串表达式、日期运算符和日期表达式、关系运算符和关系表达式、布尔运算符和布尔表达式。

3.5.1 算术运算符和算术表达式

算术运算符有七个，见表 3-4。在这七个算术运算符中，只有乘方运算符"^"和取负运算符"–"是单目运算符，其他运算符均是双目运算符，需要两个操作数。

表 3-4 算术运算符

优先级	运算符	名称	表达式例子	结果
1	^	乘方	ia^2（设 ia=3）	9
2	–	取负	–ia	–3
3	*	乘法	ia*ia*ia	27
3	/	浮点除法（除法）	10/ia	3.333 333
4	\	整数除法（整除）	10\ia	3
5	Mod	取模	10 mod ia	1
6	+	加法	10+ia	13
6	–	减法	ia–10	–7

注意：整除（\）或取模（Mod）的操作数一般应为整型数，如果是带有小数的操作数，应首先四舍五入成整数后再进行整除（\）或取模（Mod）运算，例如：25.63\6.78=3，25.63 Mod 6.78=5。

例子：

```
30-True=31              'True自动转换成–1
False+10+"4"=14         'False自动转换成0，"4"自动转换成数值4
"8"/"2"                 '结果是4，由于有除号，变成数值运算了。但"8"/"2a"则出错，因为不能
                        转成2
```

说明：

① 指数运算不但可以用来计算乘方，还可以计算方根，例如：5^2=25，25^0.5=5。

② 整除运算（\）的结果是商的整数部分，例如：7\2=3。如果整除运算的是浮点数，则先按四舍五入将它们变成整数，然后相除取商的整数部分，例如：4.8\2=5\2=2，12.8\3.7=13\4=3。注意：整除后得到的结果为整型。

③ Mod 是求两个整数相除后的余数。如果参与运算的两个量是整数，则直接运算。如果参与运算的是浮点数，则先按四舍五入原则将它们变成整数，然后取余，运算结果的符号取决于左操作数的符号。例如：12.33 Mod 4.75=12 Mod 5=2，-43.6 Mod 2.7=-44 Mod 3=-2。注意：取模后得到的结果为整型数据。

④ 乘和除是同级运算符，加和减是同级运算符。

算术表达式是由操作数和算术运算符组成的表达式。当一个算术表达式中含有多种运算符时，必须按照上述优先级求值。同级运算符从左到右运算，如果表达式有括号，则先计算括号内表达式的值，有多层括号时，从内层括号往外层括号计算。

3.5.2 字符串运算符和字符串表达式

字符串运算符有"&"和"+"，用于连接两个或者更多的字符串。当两个字符串用连接符连接起来后，第二个字符串的内容直接添加到第一个字符串的尾部。

例如：

```
"a" & "b" & "c" 结果为"abc"
"a" + "xy" 结果为"axy"
"a+x*y" & "b( )" & "c我们" 结果为"a+x*yb( )c我们"
```

区别："+"两边若一个是数值字符串，另一个是数值，则视为数值加法，结果是数值；若一个是非数值字符串，而另一个是数值，则出错；其余情况则视为字符串连接。

"&"两边不管是数值还是数值字符串，均视为字符串连接，结果为字符串。

例如：

```
"abcdef" + 12345          '出错
"abcdef" & 12345          '结果为"abcdef12345"
"123" + 456              '结果为579，这里的"+"应理解为算术运算符"+"
"123" & 456              '结果为"123456"，首先将456转换成字符串，然后再进行连接
```

考察"123"+456 & 456 和 456 & "123"+456 的结果。

其结果分别是 579 456 和 456 579。注意："123"+456 & 456 中的"123"前后空格有无均可，结论相同。但是"&"的前后必须有空格进行分隔，否则会把数值处理成长整型，影响结果。

字符串表达式是由字符串常量、字符串变量、字符串函数等一起组成的。可以是一个简单的字符串常量，也可以是字符串变量，或者是两者的组合。

3.5.3 日期表达式

日期型数据是一种特殊的数据，它们只能进行"+""−"运算。日期表达式是由"+"、"−"号、日期型常量等组成的。

两个日期型数据相减得到两个日期之间相隔的天数（结果为一个数值型数据）。

例如：#4/5/2000#-#3/2/2000#，结果为34，表示 2000 年 4 月 5 日与 2000 年 3 月 2 日相差 34 天。

一个日期型数据可以通过加减一个整数来表示增加或减少的天数（结果为日期型数据）。

例如：

#12/3/2004#+30 结果为 2005-1-2，表示 2004 年 12 月 3 日增加 30 天，为 2005 年 1 月 2 日。

#12/3/2004#-30 结果为 2004-11-3，表示 2004 年 12 月 3 日减少 30 天，为 2004 年 11 月 3 日。

3.5.4　关系运算符和关系表达式

关系运算和布尔运算的结果都是布尔型的值，通常用在程序的条件判断中。

1. 关系运算符

关系运算符见表 3-5。

表 3-5　关系运算符

运算符	名称	表达式例子
<	小于	6<4
<=	小于等于	2<=3
>	大于	0>1
>=	大于等于	"a">="a"
=	等于	0=true
<>	不等于	2<>5

关系运算符用来比较两个操作数的大小。关系运算符两边可以是数值表达式、字符型表达式或日期表达式。各个关系运算符的优先级相同。

2. 关系表达式

关系表达式是由操作数和关系运算符组成的表达式。关系表达式的运算结果是一个布尔值，即真（True）或假（False）。另外，VB 把任何非零值都认为是逻辑真，但一般以-1 表示逻辑真，以 0 表示逻辑假。

说明：

① 关系运算符运算次序为：先分别求出关系运算符两边表达式的值，再把两者进行比较，根据表达式的值和关系运算符计算结果。

② 数值型数据按值比较大小。

③ 日期型数据将日期看成"yyyymmdd"的 8 位整数，按数值大小比较。

例如：#12/3/2004#>#12/4/2004#，结果为 False。

④ 字符型数据按 ASCII 码值进行比较。比较两个字符串时，先比较两个字符串的第一个字符，其中 ASCII 码值较大的字符所在的字符串大。如果第一个字符相等，再比较第二个字符，一直比较到结果出现为止。

例如："x">"abc" 结果为 True。

"abb">"abc" 结果为 False。

注意：

① 字符串比较大小是比较 ASCII 码值大小，不是比较字符串长度。

② 常见字符的 ASCII 码值大小：

"空格" < "0" < … < "9" < "A" < … < "Z" < "a" < … < "z" < "任何汉字"

③ 关系运算符两边的操作数类型要相同。当类型不同时，会出现类型不匹配的错误。例如："tt">321，类型不匹配。

④ 对单精度数或双精度数进行比较时，因为机器的误差，可能得到不希望的结果。因此，应当避免直接判断两个浮点数是否相等。

⑤ 数学上判断 x 是否在区间 [a,b] 时，一般写成 a≤x≤b，但在 VB 中应写成：

```
a<=x And x<=b
```

3.5.5 布尔运算符和布尔表达式

1. 布尔运算符

布尔运算符又称逻辑运算符。布尔运算符的操作数要求为布尔值。VB 提供的布尔运算符有：And（逻辑与）、Or（逻辑或）、Not（逻辑反）、Xor（逻辑异或）、Eqv（逻辑相等）、Imp（逻辑蕴涵）六种。常用的布尔运算符见表 3-6。

表 3-6　布尔运算符

运算符	名称	说明
And	与	两个表达式的值均为真，结果才为真，否则为假
Or	或	两个表达式的值只要有一个为真，结果就为真 只有两个表达式的值都为假，结果才为假
Not	非	取反操作，由真变假，由假变真

2. 布尔表达式

布尔表达式是指用布尔运算符连接布尔表达式或布尔值而成的式子。

例如：3>5 Or 2<3

1+2>4 Or 3<9 Mod 2

32 / 2>4 And 4 * 2 / 3>7

说明：

布尔运算真值见表 3-7。

表 3-7　布尔运算真值

x	y	x And y	x Or y	Not x
True	True	True	True	False
True	False	False	True	False
False	True	False	True	True
False	False	False	False	True

3.5.6 运算符的优先次序

一个表达式中可能含有多种运算，VB 按以下顺序对表达式求值。这个顺序就是运算符的优先顺序。优先顺序见表 3-8。

表 3-8 运算符优先顺序

优先顺序	运算符类型	运算符
1	算术运算符	^（指数运算符）
2		－（取负运算符）
3		*、/（乘法和除法运算符）
4		\（整除运算符）
5		Mod（取模运算符）
6		+、－（加法和减法运算符）
7	字符串运算符	&（字符串连接运算符）
8	关系运算符	>、<、>=、<=、<>、=
9	布尔运算符	Not
10		And
11		Or

说明：

① 运算符整体优先顺序：括号→函数运算→算术运算→关系运算→逻辑运算。

② 同级运算符按照从左到右出现的顺序计算。

③ 括号内的运算符总是优于括号外的运算。

【例 3-1】设 x=4，y=5，z=7，求表达式 x+y Mod 2＞3 And y * 2\3＜（3+z）的值。

解析：按下面步骤求解：

① 先做括号内的算术运算，结果为 10；

② 再做剩余的算术运算 4+1＞3 And 3＜10；

③ 再做关系运算 True And True；

④ 得出运算结果 True。

【例 3-2】判断某个年份是否为闰年的依据是该年份满足下列条件之一：

① 能被 4 整除，但不能被 100 整除的年份是闰年。

② 能被 100 整除，又能被 400 整除的年份是闰年。

设年份用 year 表示，写出判断 year 是否为闰年的布尔表达式。

解析：判断 year 是否满足条件①的布尔表达式：

```
year Mod 4=0 And year Mod 100<>0
```

判断 year 是否满足条件②的布尔表达式：

```
year Mod 100=0 And year Mod 400=0
```

两个布尔表达式是或者的关系，所以判断某个年份 year 是否为闰年的布尔表达式为：

```
year Mod 4=0 And year Mod 100<>0 Or year Mod 100=0 And year Mod 400=0
```

3.5.7　表达式书写规则

VB 中算术表达式又叫数值型表达式，它由算术运算符、数值型常量和变量、函数和圆括号组成，它的运算结果是一个数值。例如：

```
3+5.6
5+sin(x)
```

VB 中的算术表达式与数学中的表达式写法有所不同，在书写时要注意以下问题：

①　每个 VB 符号占 1 个，所有符号必须并排写。尤其要注意指数运算符的书写，例如：$x2$ 要写成 $x\^2$，$x1$ 要写成 $x\^1$。

②　运算符不能相邻，例如 a+-b 是错误的。

③　乘号*不能省略，例如 x 乘以 y 应写成 x*y，不能写成 xy。

④　括号必须成对出现，均使用圆括号，不能是方括号或者花括号。

⑤　有歧义的写法要避免，例如：$2\^-2$ 的结果是 0.25，而不是-4，最好写成 $2\^(-2)$。

⑥　表达式从左到右在同一基准上书写，无高低、大小之分。

例如：

将 b^2-4ac 写成 Visual Basic 表达式为：b*b–4*a*c 或 b^2–4*a*c。

将 $\dfrac{b-\sqrt{b^2-4ac}}{2a}$ 写成 Visual Basic 表达式为：(b–sqr(b*b–4*a*c))/(2*a)。

3.6　常用内部函数

函数是一种特定的运算，在程序中使用一个函数时，只要给出函数名并给出一个或多个参数，就能得到对应的函数值。在 VB 中，有内部函数和用户自定义函数。内部函数也称为标准函数，可以分为 5 类：转换函数、数学函数、字符串函数、日期和时间函数、随机函数。用户自定义函数在后面的章节介绍。以下函数中凡用字母 C 表示字符串表达式参数、N 表示数值表达式参数、D 表示日期表达式参数、函数名后有$符号的，表示函数返回值为字符串类型。

3.6.1　数学运算函数

数学运算函数用于各种数学运算，包括三角函数、求平方根、绝对值、对数及指数函数等常用数学函数。表 3-9 列出了常用数学运算函数。

表 3-9　常用数学运算函数

函数名	说明	实例
Sin(N)	返回弧度的正弦	Sin(0)=0
Cos(N)	返回弧度的余弦	Cos(0)=1 Atn(3.141592)=1.2626
Atn(N)	返回弧度的反正切	Tan(0)=0 如果 x 是角度，可用下面的公式转化为弧度：
Tan(N)	返回弧度的正切	1 度=pi/180=3.141 59/180 弧度

函数名	说明	实例
Int(N)	返回不大于给定数的 最大整数	Int(4.2)=4 Int(-4.2)=-5
CInt(N)	返回数四舍五入后的整数	CInt(4.2)=4 CInt(-4.2)=-4
Fix(N)	返回数的整数部分 （去掉小数部分）	Fix(4.6)=4 Fix(-4.6)=-4
Abs(N)	返回数的绝对值	Abs(4.2)=4.2 Abs(-4.2)=4.2
Sgn(N)	返回数的符号值： 当 N 的值小于零时， 函数返回−1； 当 N 的值等于零时， 函数返回 0； 当 N 的值大于零时， 函数返回 1	Sgn(4.2)=1 Sgn(0)=0 Sgn(-4.2)=-1
Exp(N)	返回数的以 e 为底的指定次幂	Exp(3)=20.086
Log(N)	返回数的以 e 为底的自然对数	Log(10)=2.3
Sqr(N)	返回数的平方根 （N 必须大于等于零）	Sqr(16)=4

3.6.2 转换函数

VB 中常用的转换函数见表 3-10。

表 3-10 常用转换函数

函数名	说明	实例
Asc(C)	将字符转换成 ASCII 码	Asc("ABC")=65 Asc("a")=97
Chr$(N)	将 ASCII 码转换成字符	Chr(65)="A"
Oct[$](N)	将十进制数转换成八进制数（结果是字符）	Oct(100)=&O144
Hex[$](N)	将十进制数转换成十六进制数（结果是字符）	Hex(100)=&H64
Fix(N)	取整	Fix(-3.5)=-3 Fix(3.7)=3
Int(N)	取小于或等于 N 的最大整数	Int(-3.5)=-4 Int(3.5)=3
Round(N)	四舍五入	Round(-3.5)=-4 Round(3.5)=4 Round(3.567,2)=3.57
Str$(N)	将数值转换成数字字符串	Str(12.456)="□12.456" Str(-12.456)="-12.456"
Val(C)	将数字字符串转换成数值	Val("12.456a1")=12.456 Val("3*2")=3 Val("4 and 5")=4 Val("2e-2")=0.02 Val("3.14.25")=3.14

说明：

① Str 函数在将非负数转换成字符串时，在结果的左边加一个空格。

② Val 函数将数字字符串转换为数值，当字符串中出现数值类型规定外的字符时，则停止转换，函数返回的是停止转换前的结果。第一个字符为非数字字符，则返回 0 值。

【例 3-3】

```
Val("a3")=0
Val("-123.45E3")=-123450        'Val函数认识用E表示的单精度数字字符串
Val("-1.45E-3")=-.00145
Val("&H12")=18                  '也认识十六进制字符串
Val("&O32")=26                  '也认识八进制字符串
Asc(Chr(99))=99
Chr(Asc("K"))="K"
```

3.6.3　字符串运算函数

字符串运算函数主要用于程序中对字符串进行操作。VB 中常用的字符串函数见表 3-11。

表 3-11　常用字符串运算函数

函数名	说明	实例
InStr([N1,]C1,C2[,M])	在 C1 中从 N1 开始找 C2，省略 N1，则从头开始找，找不到，则返回 0 值	InStr(2,"EFABCDEFG","EF")=7
Left$(C,N)	取出字符串左边 N 个字符	Left$("ABCDEFG",3)="ABC"
Mid(C,N1[,N2])	在 C 中从 N2 位置开始向右取 N2 个字符，默认 N2 到结束	Mid$("ABCDEFG",2,3)="BCD"
Right$(C,N)	取出字符串右边 N 个字符	Right$("ABCDEFG",3)="EFG"
Len(C)	求字符串所含字符的个数	len("AB 高等教育")=6
LenB(C)	求字符串所占字节数	lenB("AB 高等教育")=12
Ltrim$(C)	去掉字符串左边的空格	Ltrim$("□□head□")="head□"
Rtrim$(C)	去掉字符串右边的空格	Rtrim$("□head□□")="□head"
Trim$(C)	去掉字符串两边的空格	Trim$("□□head□□")="head"
Ucase(C)	字符串 C 中的小写字母转换成大写字母	UCase("headCHECK")="HEADCHECK"
Lcase(C)	字符串 C 中的大写字母转换成小写字母	LCase("headCHECK")="headcheck"
String$(N,C)	返回由 C 中首字符组成的 N 个字符串	String$(4,"*")="****" String$(3,65)="AAA" String$(3,"ABCDEF")="AAA"
Space$(N)	产生 N 个空格的字符串	Space$(4)="□□□□"

3.6.4　日期和时间函数

日期和时间函数能使程序向用户显示日期和时间，常见的日期和时间函数见表 3-12。

表 3-12　日期和时间函数

函数名	说明	实例
Date[$][( )]	以 yy-mm-dd 格式返回系统当前日期	Date$( )
Now	以 yy-mm-dd hh:mm:ss 格式返回系统时间和日期	Now
Time[$][( )]	以 hh:mm:ss 格式返回系统当前时间	Time
Day(C|N)	返回当月中第几天（1～31）	Day("97,05,01")=1
Month(C|N)	返回一年中的某月（1～12）	Month("97,05,01")=5
Year(C|N)	以 yyyy 格式返回年份（1753～2078）	Year("97,05,01")=1997
Hour(C|N)	返回小时（0～23）	Hour(#4:35:17PM#)=16
Minute(C|N)	返回分钟（0～59）	Minute(#4:35:17PM#)=35
Second(C|N)	返回秒（0～59）	Second(#4:35:17PM#)=17
WeekDay(C|N)	返回星期几（1～7）	WeekDay("97,05,01")=5

3.6.5　格式输出函数

VB 显示数字的格式比较灵活，对于数值、日期和字符串，采用标准格式显示。使用 Format 函数，可以将数值转化为指定格式的字符串输出。格式输出一般用在 Print 方法中。

Format 函数的格式为：

```
Format（<表达式>[,<格式字符串>]）
```

说明：

① 表达式为需要转化的数值，可以是数值型、日期型表达式。

② 格式字符串表示转化后的格式，用双撇号括起来，格式字符串是由格式符构成的。

格式说明符按照类型可以分为数值型和字符型，数值型格式符见表 3-13。

表 3-13　数值型格式输出符

格式符	说明	举例
0	按规定的位数输出，实际数值位数小于符号位时，数字的前面加 0	Format(123.456,"0000.0000")=0123.4560 Format(123.456,"00.00")=123.46
#	按规定的位数输出，实际数值位数小于符号位时，数字的前面不加 0	Format(123.456,"####.####")=123.456 Format(123.456,"##.##")=123.46
.	加小数点	Format(123,"000.000")=123.000
,	加千分位	Format(1234.567,"##,##0.0000")=1,234.5670
%	数值乘以 100 后加百分号	Format(123.456,"#.###%")=12345.6%
$	在数值前加"$"	Format(123.456,"$#.###")=$123.456
+	在数值前加"+"	Format(-123.456,"+#.###")=-+123.456
-	在数值前加"-"	Format(123.456,"-#.###")=-123.456
E+	用指数表示	Format(0.1234,"0.00E+00")=1.23E-01
E-	与 E+相似	Format(1234.567,".00E-00")=.12E04

其中，使用符号"0"与"#"时应注意：当数值的实际整数位数大于格式中整数位数时，按实际位数输出；当数值的实际小数位数大于格式中小数位数时，按四舍五入输出。

字符型格式输出符见表 3-14。

表 3-14　字符型格式输出符

格式符	说明	举例
@	字符占位符，显示字符或者空格。实际字符位数小于符号位时，字符前面加空格	Format("abcd","@@@@@")="□abcd" Format("abcd","@@@@")="abcd"
&	字符占位符，显示字符或者不显示。实际字符位数小于符号位时，字符前面不加空格	Format("abcd","&&&&&")="abcd" Format("abcd","&&&&")="abcd"
<	将所有字符强制小写	Format("ABCD","<&&&&")="abcd"
>	将所有字符强制大写	Format("abcd",">&&&&")="ABCD"
!	强制由左到右填充字符，缺省值是由右到左填充字符	Format("abcd","@@@@@")="□abcd" Format("abcd","!@@@@@")="abcd□"

3.6.6　随机函数

在模拟、测试及游戏程序中，经常使用随机函数。

1. 随机函数

格式为：

```
Rnd[(N)]
```

随机函数是产生一个 0 和 1（包括 0，但不包括 1）之间的双精度随机数。如果省略了 N，则表示使用系统计时器返回的值作为 N 的值。

例如：Print Rnd

.705 547 5

VB 还提供了一些参数和语句，可以让用户获取不同形式和范围的随机数。为了生成某个范围内的随机整数，可以使用下列公式：

```
Int(Rnd *(upper-lower+1)+lower)
```

upper 是随机数范围的上限，lower 是随机数范围的下限。

例如：

产生 1～10 之间的随机整数（包括 1 和 10）：Int(Rnd*10+1)；

产生［m，n］的随机整数：Int(Rnd*(n-m+1))+m。

2. Randomize 语句

Randomize 语句格式为：Randomize[N]。

Randomize 语句是产生随机数的种子，使每次产生的随机数都不同。

● 习 题 3

一、选择题

1. 下列（　　　）不能作为 VB 合法的变量名。

A. xy　　　　　　　　B. a6　　　　　　　　C. const　　　　　　　D. const1

2. 下列（　　　）是 VB 合法的变量名。

A. xy@1　　　　　　　B. 3+x　　　　　　　C. 2［x］　　　　　　　D. tt

3. 表达式 4 * 7 Mod 3+4\3+5 ^ 2 的值是（　　　　）。

A. 26　　　　　　　　B. 27　　　　　　　　C. 28　　　　　　　　D. 32

4. 设 x=−3，则表达式 x>−4 And x<−2 的值是（　　　　）。

A. True　　　　　　　B. False　　　　　　　C. −1　　　　　　　　D. 0

5. VB 表达式 Mid（"A2B4",2,1）的值是（　　　　）。

A. 2B　　　　　　　　B. 0　　　　　　　　C. 2　　　　　　　　D. 4

6. 在 VB 中，合法的变量名是（　　　　）。

A. x_1　　　　　　　B. sub　　　　　　　C. a［1］　　　　　　　D. a&b

7. 在 VB 中，合法的常量是（　　　　）。

A. 'xxx'　　　　　　　B. 2/3　　　　　　　C. 5E　　　　　　　　D. False

8. VB 表达式 Sqr（9）+Int（−5.4）*Sgn（6.8）−Fix（3.1）的值是（　　　　）。

A. −6　　　　　　　　B. −5　　　　　　　　C. 35　　　　　　　　D. 30

9. 函数 Int（Rnd * 80）+10 是在（　　　　）范围内的整数。

A. ［10，90］　　　　B. ［10，89］　　　　C. ［11，90］　　　　D. ［11，89］

10. Double 类型的数据由（　　　　）字节组成。

A. 21　　　　　　　　B. 4　　　　　　　　C. 8　　　　　　　　D. 16

11. 要声明一个长度为 256 个字符的定长字符串变量 str，以下语句正确的是（　　　　）。

A. Dim str As String　　　　　　　　B. Dim str As String（256）

C. Dim str As String［256］　　　　　　D. Dim str As String*256

12. 下列声明语句中存在变体变量的是（　　　　）。

A. Dim a，b As Integer　　　　　　　B. Dim a As String

C. Static a As Integer　　　　　　　　D. Public a As Currency

二、填空题

1. 设 A=1，B=2，C=3，表达式 A<B And Not C>A Or C>B And A<>B 的值为 _____。

2. 式 Ln|y/2x |−e−4 对应的 Visual Basic 表达式为 _____。

3. 式 Format（3 245.672 8，"#####.###"）的值是 _____。

4. 执行 Print Val（34.1-ab）+125.3 Mod 14 / 3 ^ 2 语句后，输出值为 _____。

5. 一元二次方程 ax^2+bx+c=0 有实根的条件是 a 不等于 0，并且 b^2−4ac≥0，表示该条件的布尔表达式是：_____。

三、解答题

1. 下列数据中哪些是变量？哪些是常量？是什么类型的变量或常量？

（1）our （2）"my" （3）True （4）89 （5）wonder （6）"12/11/2005"

（7）"34.56" （8）h （9）23.45 （10）x! （11）#9：05：06AM# （12）50

（13）dimx

2. 把下列数学表达式改写为等价的 VB 算术表达式。

（1）$\dfrac{a+\dfrac{1}{b}}{a-\dfrac{c}{b}}$ （2）$\sqrt{|xy-\sqrt{y}|}$ （3）$x^3-\sqrt{\dfrac{2xy}{5-x}}$ （4）$\sqrt{s(s-a)(s-b)(s-c)}$

（5）$e^3-\dfrac{\sin(xy)}{(x+y)}$

3. 写出下列表达式的值。

（1）6 * 7 \ 5 （2）5 ^ 2+5 Mod 3 （3）"xy" & 12 & "t" （4）#10/3/2006#+5

4. 设 a=3，b=5，c=1，d=4 计算下列表达式的值。

（1）a-b / c＞3 Or c＞d And Not c＞0 Or d＜c

（2）b Mod 2＞3 Or c+d＞a And a＜b

5. 写出下列函数的值。

（1）Int（4.5） （2）Fix（5.3）

（3）Int（–3.9） （4）CInt（–5.4）

（5）Sgn（4+2 * 6 / 3） （6）Int（Abs（45–23）\3）

（7）Left（"great"，3） （8）Right（"great"，2）

（9）Str（56.78） （10）Val（"4+2.5"）

（11）Val（"a3"） （12）Len（"wo are 中国人"）

（13）LCase（"AGDGxyz"）

6. 将下列命题用 Visual Basic 布尔表达式表示：

（1）z 比 x，y 都大 （2）p 是 q 的倍数

（3）x，y 其中有一个小于 z （4）a 是小于正整数 b 的偶数

四、程序设计题

1. 在文本框（text1）中输入一个三位数，单击窗体后，在窗体打印输出该数的个位数、十位数和百位数。

【提示】

方法一：把这个整数的个位、十位、百位单独求出来；

方法二：利用字符串操作函数。

2. 编程序，当单击窗体时，在窗体上的随机位置随机输出一个随机颜色的大写英文字母。

【提示】

随机大写的英文字母由表达式 chr（Int（Rnd*26）+65）产生，窗体上的随机位置通过设置当前坐标 CurrentX、CurrentY 属性来确定。颜色通过 RGB 函数实现。

第4章

<<<<<<

顺序结构

程序是由算法和数据结构组成的，无论是算法还是数据结构，都要通过程序语句来实现。然而程序在执行的时候，语句的执行顺序是否完全由语句的位置来决定的呢？答案是否定的，程序结构不同，语句的执行顺序也不同。程序结构有三种：顺序、选择和循环。这三种基本结构中，顺序结构是最简单、最常用的，该结构中，语句执行先后顺序和语句出现的先后顺序是一致的。

本章首先介绍了程序设计中算法的定义、特性及其表示方法，然后介绍基本语句的语法和使用，最后介绍顺序结构的程序特点，并给出应用举例。

4.1 程序的算法及其表示方法

4.1.1 算法定义和特性

算法（Algorithm）是指解决问题的方案的准确完整的描述，是一系列解决问题的指令，它代表着用系统的方法描述解决问题的策略机制。简单来讲，算法就是在有限步骤内用一系列可执行的指令来解决特定问题。

【例4-1】输入两个整数并求和。

可以分两步解决该问题。首先通过键盘输入两个整数，存放在内存中。定义两个变量（假设为i_Num1和i_Num2），将这两个数依次存放到i_Num1和i_Num2。然后将i_Num1和i_Num2相加，加得的结果存放在一个变量中，这个变量可以是i_Num1或i_Num2中的任何一个，也可以重新定义一个变量来存放。但前者更节约内存空间，因为变量要占用内存。

用算法描述如下：

① 输入两个数，分别放入i_Num1和i_Num2中。

② 将i_Num1+i_Num2的和放入i_Num1中。

③ 输出i_Num1。

通过对给出的问题进行分析，得出解决问题的算法，使问题最终得到解决。

【例 4-2】输入 10 个整数并求和。

可以按照前面的方法解决该问题。首先定义 10 个变量用于存放通过键盘输入的 10 个数，然后将这 10 个变量的值加起来，最后输出和。利用该方法，虽然算法比较简单，但实现起来很复杂。首先，定义的 10 个变量要不同名，然后每输入一个整数就要把这个数放到变量中，这个操作要重复 10 次；其次，得到 10 个变量的和的算式的书写也比较麻烦。所以应该对算法进行优化。

首先输入一个数，存放到变量 i_Num 中，再定义一个变量 sum 用于存放和，同时把 i_Num 的值赋给 sum。

然后输入第二个数，存放到 i_Num 中，将 i_Num 和 sum 加起来的结果又存放到 sum 中，该操作执行 9 遍。

最后，存放在 sum 变量中的值就是要求的 10 个整数的和。

用算法描述如下：

① 定义三个变量 i_Num、i（用于记录输入的整数的个数）和 sum，输入一个整数，存放在 i_Num 中，把 i_Num 的值赋给 sum，并将 i 赋值为 1。

② 输入一个整数，存放在 i_Num 中，将 i_Num 和 sum 加起来的结果又存放到 sum 中，将 i 的值增加 1。

③ 重复第②步，直到 i 的值为 10 时，转向第④步。

④ 输出 sum 的值。

算法是程序求解问题的依据，可用相应的程序语句对算法进行描述。合理的算法的设计是程序设计的关键，算法的优劣直接关系到程序的质量。

算法具有以下几个特性。

（1）有穷性

算法必须能在执行有限个步骤之后终止。

（2）确定性

算法的每一步必须是准确无二义的。

（3）有效性

算法中执行的任何计算步骤都是可以被分解为基本的可执行的操作步，即每个计算步都可以在有限时间内完成（也称之为有效性）。

（4）输入

一个算法有零个或一个或多个输入，这些输入用以刻画运算对象的初始状态。

（5）输出

每个算法必须有一个或多个输出，用来体现数据加工后的结果。没有输出的算法是毫无意义的。

所以，在进行算法的设计时，应该从以上五点出发。

4.1.2 算法表示

用文字对问题的算法进行描述时不同的人可能会有不同的理解，为了避免算法的二义性，引入了自然语言、伪代码、传统流程图和 N-S 结构化流程图等。

1. 自然语言

自然语言是文化演化自然形成的产物，是人们的日常用语，比如汉语、英语、俄语等。人们可以选择自己所熟悉的语言来描述算法，比如，本章例 4-1 和例 4-2 就是用自然语言来描述算法的。

2. 伪代码

伪代码是一种介于自然语言与编程语言之间的一种算法描述语言。它的结构清晰、代码简单、可读性好，并且类似于自然语言，以编程语言的书写形式给出算法职能，方便用任何一种编程语言（例如 VB、C、Java 等）实现。它用半角式化、不标准的语言，将整个算法运行过程的结构用接近自然语言的形式描述出来，不拘泥于具体实现。

例 4-1 用伪代码描述代码如下：

```
Begin（算法开始）
 输入 i_Num1,i_Num2
 i_Num1+i_Num2->i_Num1
 print i_Num1
End（算法结束）
```

例 4-2 用伪代码描述代码如下：

```
Begin（算法开始）
 i=1
 输入 i_Num
 i_Num->sum
 当 i<=10 则
  输入 i_Num
  i_Num+sum->sum
  i+1->i
 print sum
End（算法结束）
```

使用伪代码描述算法，结构比较清晰，表达方式比较直观。

3. 传统流程图

传统流程图也称输入-输出图，是由一些图框和流程线组成的。它用流程来表示算法的执行方向，使用一些标准符号代表某些类型的动作。如决策用菱形框表示，具体活动用方框表示。但比这些符号规定更重要的是必须清楚地描述工作过程的顺序。由于流程图更为直观形象，易于理解，所以被广泛应用。

流程图常用的绘图符号及约定如图 4-1 所示。

流程图应指明实际处理操作的处理符号，它包括根据逻辑条件确定要执行的路径的符号；指明控制流的流线符号；便于读写程序流程图的特殊符号。

绘制流程图时，需考虑以下一些问题：

① 是否能够删除某个或某些过程以减少成本。

② 是否存在更有效的方式来构造流程。

图 4-1 流程图常用的绘图符号及约定

③ 是否整个过程需要重新设计。

④ 是否应当将其完全废弃。

绘制流程图可以使用 Word 文字处理软件，以及 Visio、control、aris 等软件。但作为非计算机专业的学生，只需要学会使用 Word 绘制流程图即可。

三种基本结构的流程图表示如图 4-2～图 4-4 所示。

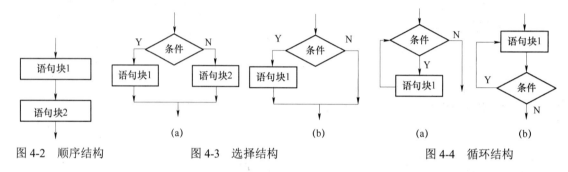

图 4-2　顺序结构　　　图 4-3　选择结构　　　图 4-4　循环结构

例 4-1 和例 4-2 可用流程图描述，分别如图 4-5 和图 4-6 所示。

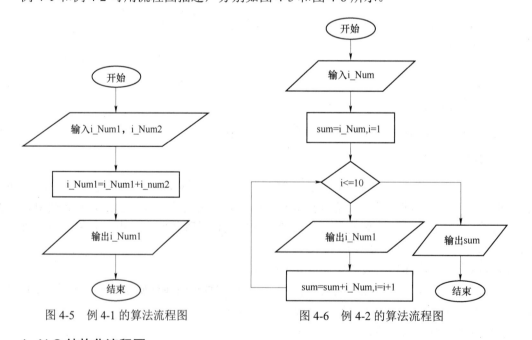

图 4-5　例 4-1 的算法流程图　　　图 4-6　例 4-2 的算法流程图

4．N-S 结构化流程图

流程图由一些特定意义的图形、流程线及简要的文字说明构成，它能清晰明确地表示程序的运行过程。在使用过程中，人们发现流程线不一定是必需的，为此，人们设计了一种新的流程图，它把整个程序写在一个大框图内，这个大框图由若干个小的基本框图构成，这种流程图简称为 N-S 图。

三种基本程序结构的 N-S 图如图 4-7～图 4-9 所示。

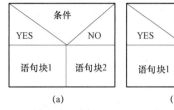

图 4-7　顺序结构 N-S 图　　　　图 4-8　选择结构 N-S 图　　　　图 4-9　循环结构 N-S 图

例 4-1 和例 4-2 算法的 N-S 流程图分别如图 4-10 和图 4-11 所示。

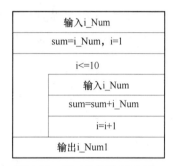

图 4-10　例 4-1 算法 N-S 图　　　　图 4-11　例 4-2 算法 N-S 图

4.2　基本程序语句

4.2.1　赋值语句

赋值语句是任何程序设计语言中最基本、最常见的语句，使用赋值语句可以给变量或对象的属性赋值。对变量的赋值就是把数据写入变量对应的内存单元中，对对象的属性赋值是将值设置成对象的属性值。

赋值语句的一般格式如下：

`<变量|[对象.]属性>=<表达式>`

说明：

① 在上述格式中，"<>"中的内容是必选的，"|"用于将两个或两个以上的选项隔开，且在使用时必须选中其中的一个选项，"[ ]"表示其中的内容是可选的，"="为复制符号，其作用是将右边表达式的值赋给左边的变量或对象的属性。

② 执行赋值语句时，先计算出表达式的值，然后将表达式的值赋给变量或对象的属性。

③ 复制符号左边不能是除变量和对象属性之外的其他内容。

④ 在 VB 中，"="既可以是复制符号，也可以是用于判断两个表达式是否相等的符号。在表达式中出现的"="是等号，其他一律视为复制符号。

例如：

```
dim i_Num as Integer
i_Num=20          '合法赋值语句，用赋值语句完成变量 i_Num 的赋值
lb1.Caption="Welcome!"  '合法赋值语句，用赋值语句完成 lb1 的 Caption 属性的赋值
```

例如：

```
sum+1=i_Num   '非法赋值语句
```

例如：

```
x=12  '为赋值符号
print y=6  '为判断 y 和 6 是否相等的等号
x=y=false  '右边的为判断 y 是否等于 false，左边的为赋值符号
```

【例 4-3】设计一个程序，要求输入一个数，然后将该数扩大 10 倍后输出。设计步骤如下：

① 建立 VB 应用程序用户界面。选择"新建工程"，进入窗体设计器，在窗体中添加两个标签（名为 lb1 和 lb2）、两个文本框（名为 txt_Num 和 txt_Result）和一个按钮（名为 btn_Computer）。

② 根据要求修改对象的属性。

③ 设计代码。双击 btn_Computer 按钮，编写程序。btn_Computer 的 Click 事件代码如下：

```
Private Sub btn_Computer( )
  dim num,result
  num=val(txt_Num.text)        '获取用户输入的数据
  result=num*10                '将用户输入的数据扩大 10 倍
  txt_Result.text=result       '结果显示在 txt_Result 中
End Sub
```

程序运行结果如图 4-12 所示。

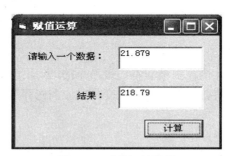

图 4-12 赋值运算结果

4.2.2 注释语句

为了提高程序的可读性，通常在程序中添加一些说明性的文字，用于对程序或某条语句进行解释说明，程序运行时并不会执行这些语句，将这种语句称为注释语句。

注释语句格式如下：

```
Rem <注释内容>
```

或

' <注释内容>

例如：

num1=20　：Rem 给 num1 变量赋值

PI=3.14　'PI 的值为 3.14

' area=PI*r*r

Rem 'vol=4*PI*r*r*r/3.0

以上注释符的使用是合法的。

例如：

num1=20　Rem 给 num1 变量赋值

PI=3.14　：RemPI 的值为 3.14

上述示例中的注释符使用是非法的。

说明：注释语句可独占一行，也可以放在语句的后面。如果 Rem 放在语句的后面，则必须使用冒号"："与语句隔开，并且 Rem 和注释内容之间用空格隔开。

4.2.3　输入语句

输入语句主要完成数据的输入。数据的输入有两种方式：通过 VB 控件和输入对话框完成数据的输入。

在 VB 诸多控件中，文本框、复选框、单选按钮、下拉列表框、组合框等均可实现数据的输入，而标签、按钮等不能用于数据的输入。例 4-3 使用的是文本框控件实现数据的输入。

InputBox 函数用来接收用户通过键盘输入的数据。使用 InputBox 函数时，产生一个对话框，等待用户输入数据，并返回用户在对话框中输入的信息。

InputBox 函数的一般格式：

变量=InputBox(<提示信息>[,<对话框标题>][,<默认值>][,横坐标,纵坐标][,帮助文件,帮助主题号])

说明：

①"提示信息"，必选项。作为对话框消息出现的字符串表达式，是在对话框中出现的文本，主要用于提示用户输入一个什么样的数据。对话框的尺寸会随着提示信息的变化而改变，且对话框中最多可容纳 1 024 个字符。

②"对话框标题"，可选项。显示对话框标题栏中的字符串表达式。如果省略，则把应用程序名放入标题栏中。

③"默认值"，可选项。显示输入对话框的文本框中的字符串表达式，在用户输入前作为缺省值。如果省略，则文本框为空。

④"横坐标"，可选项。数值表达式，与"纵坐标"一起出现，指定对话框的左边与屏幕左边的水平距离。如果省略，则对话框会在水平方向居中。

⑤"纵坐标"，可选项。数值表达式，与"横坐标"一起出现，指定对话框的顶端与屏幕顶端的距离。如果省略，则对话框被放置在屏幕垂直方向距底端大约三分之一的位置。

⑥"帮助文件"，可选项。字符串表达式，识别用来向对话框提供上下文相关帮助的帮助文件。如果提供了帮助文件，则也必须提供帮助主题号。

⑦ "帮助主题号"，可选项。数值表达式，由帮助文件的作者指定给适当的帮助主题的帮助上下文编号。如果提供了帮助主题号，则也必须提供帮助文件。

⑧ 如果省略了某些项，必须加入逗号隔开。

例如：age=InputBox("请输入学生的年龄",,20)，此示例中并没有给出对话框标题，而给出了提示信息和默认值，因此要在提示信息和默认值之间用两个","隔开。

例如：name=InputBox("Input your name:","姓名输入")，此示例中的两个参数分别对应的是提示信息和对话框标题。

InputBox( )函数的返回值为字符型的。

【例 4-4】使用 InputBox( )函数实现求两个数的和。

设计步骤如下：

① 设计界面。创建 VB 应用程序，在界面中添加一个命令按钮（名为 btn_add，显示的文本为"求和"）。

② 修改控件的属性（表 4-1）。

表 4-1 修改控件的属性

对象名称	属性名称	属性值
btn_add	Caption	求和

③ 设计代码。

编写命令按钮 btn_add 的 Click 事件代码：

```
Private Sub btn_add_Click( )
  dim num1,num2 as Double
  num1=val(InputBox("请输入被加数："))
  num2=val(InputBox("请输入加数："))
  print num1+num2
End Sub
```

程序执行结果如图 4-13 所示。

（a）

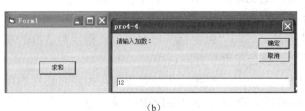

（b）　　　　　　　　　　　　　（c）

图 4-13 例 4-4 的用户界面

【例 4-5】使用 InputBox( )函数实现将输入数据中的小写字母全部转换成大写字母。

设计步骤如下：

① 设计界面。创建 VB 应用程序，在界面中添加一个命令按钮（名为 btn_change，显示的文本为"转换"）。

② 修改控件的属性（表 4-2）。

表 4-2　修改控件的属性

对象名称	属性名称	属性值
btn_change	Caption	转换

③ 设计代码。

编写命令按钮 btn_change 的 Click 事件代码：

```
Private Sub btn_change_Click( )
  Dim str As String
  str = InputBox("请输入一串字母")
  Print UCase(str)
End Sub
```

程序执行结果如图 4-14 所示。

(a)   (b)

图 4-14　例 4-5 的用户界面

4.2.4　输出语句

在 VB 中，可以通过三种方法来实现数据的输出：一是使用 Print 方法在多种对象上输出数据和文本信息，二是使用 VB 控件的属性输出数据，三是使用 msgbox()消息框函数输出数据。

1. Print 方法

Print 方法可以在相应的对象上输出文本，其语法格式为：

```
[<对象名称>.]Print[<表达式列表>][,|;]
```

说明：

① 窗体、图片框和打印机都具有 Print 方法，如果省略"对象名称"，则表示在当前窗体上输出。

② 表达式列表可以是一个或多个表达式，可以是数值表达式或字符串表达式。如果是数值表达式，则输出其值；如果是字符串表达式，则照原样输出（引号不输出）。输出数据时，数值数据的前面有一个符号位（正数不显示"+"号，负数显示"-"号），后面有一个尾随空

格；字符串前后都没有空格。

③ 各表达式之间可以用逗号"，"或分号"；"隔开。如果使用逗号作为分隔符，则各输出项按标准分区（14 个字符宽度为一个分区）输出格式，逗号后面的表达式在下一个区段输出。如果使用分号作为分隔符，则按紧凑格式输出，即各输出项之间无间隔地连续输出。

④ 如果语句行的末尾使用分号作为分隔符，则下一个 Print 输出的内容将紧随在当前 Print 所输出的信息后面显示；如果在语句行的末尾使用逗号分隔符，则下一个 Print 输出的内容将在当前 Print 所输出信息的下一个分区显示；如果省略语句行末尾的分隔符，则自动换行。

⑤ 如果省略表达式列表，则输出一空行。

⑥ Print 方法具有计算和输出的双重功能，对于表达式，总是先计算后输出。

【例 4-6】 使用 Print 方法在窗体上直接输出数值表达式或字符串表达式的值。

设计步骤如下：

① 设计界面。创建 VB 应用程序，在界面中添加一个命令按钮（名为 btn_print，显示的文本为"Print 方法的使用"）。

② 修改控件的属性，见表 4-3。

表 4-3　修改控件的属性

对象名称	属性名称	属性值
btn_print	Caption	Print 方法的使用

③ 设计代码。

编写命令按钮 btn_print 的 Click 事件代码：

```
Private Sub btn_print_Click( )
  Print "welcom!"
  Print "3*4="; 3 * 4
  Print "3*4=", 3 * 4
  Print "print 方法"; "会用吗？"
  Print "print 方法", "会用吗？"
  Print
  Print "测试成功"
End Sub
```

程序执行结果如图 4-15 所示。

2. 使用控件对象输出文本

VB 中可用于实现输出文本的控件有标签、文本框、图片框等。

如果在程序中只要求显示某些文本信息，不需要提供输入信息，就可以使用标签控件，标签上所显示的内容可以通过修改其 Caption 属性来设置，否则就要用文本框或图片框等其他控件。下面以标签为例来说明如何使用控件对象输出文本。

图 4-15　Print 方法的测试用户界面

标签的主要属性有：

① Name 属性：指定标签对象的名称。

② Caption 属性：指定标签中显示的内容。

③ Alignment 属性：指定标签上显示信息的对齐方式，0-Left Just 表示居左对齐，1-Right Just 表示居右对齐，2-Center 表示居中对齐。

④ BorderStyle 属性：指定标签有无边框，0 表示无边框，1 表示有边框。

⑤ AutoSize 属性：指定标签的尺寸是否根据所显示的内容进行自动调整。

【例 4-7】交换两个变量的值。

（1）建立应用程序的用户界面。选择"新建工程"→"标准 EXE"，进入窗体设计器，在窗体上添加一个命令按钮（名为 btn_change），再依次添加四个标签（名字分别为 lb1，lb2，lb3 和 lb4），如图 4-16 所示。

（2）设置对象的属性，见表 4-4。

表 4-4　设置对象的属性

对象名称	属性	属性值
btn_change	Caption	交换
lb1	Caption	交换前
lb3	Caption	交换后
lb2、lb4	Caption	你好、欢迎
	BackColor	白色
	BorderStyle	1

（3）设计代码。

编写命令按钮 btn_change 的 Click 事件代码：

```
Private Sub btn_change_Click( )
    Dim t As String
    t = lb2.Caption
    lb2.Caption = lb4.Caption
    lb4.Caption = t
End Sub
```

程序执行结果如图 4-16 所示。

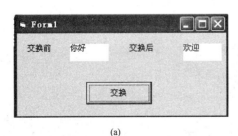

(a)　　　　　　　　　　　　　　(b)

图 4-16　交换两变量的值的用户界面

说明：将标签的 BackColor 属性的值设为白色，BorderStyle 属性的值设为 1，从外观来看，和文本框相似，但二者是不同的，标签的值要么在设计界面的时候设定好，要么通过程序来设定它的值，不能在程序运行时通过键盘输入。

3. MsgBox 输出对话框函数和 MsgBox 语句

MsgBox 函数用来在应用程序中显示消息的对话框，并能接收用户的响应。使用 MsgBox 函数时，系统会自动弹出预定义的对话框，用户不必考虑对话框的设计、转载和显示等问题。

MsgBox 函数的一般格式：

```
变量=MsgBox(<提示信息>[,<对话框样式>][,<标题>][,帮助文件,帮助主题号])
```

MsgBox 语句的一般格式：

```
MsgBox <提示信息>[,<对话框样式>][,<标题>][,帮助文件,帮助主题号]
```

说明：

① "提示信息"，是在对话框中出现的文本，主要用于提示用户的操作出现了什么情况或用户接下来要做什么，该项是必选项，不能省略。"提示信息"的最大长度大约为 1 024 个字符，由所用字符的字节大小决定。如果"提示信息"的内容超过一行，则可以在每一行之间用回车符（Chr(13)）、换行符（Chr(10)）或是回车与换行符的组合（Chr(13) & Chr(10)，即 vbCrLf）将各行分隔开来。

② "对话框样式"，可选项，用来设定对话框的样式。通过"对话框样式"可以设定按钮的组合、图标的样式、默认按钮和模式。

③ "标题"，用于设定对话框的标题，使用时用双撇号""""引起来，是可选项。如果省略"标题"，则将应用程序标题放在标题栏中。

④ "帮助文件"，可选项。字符串表达式，识别用来向对话框提供上下文相关帮助的帮助文件。如果提供了帮助文件，则也必须提供帮助主题号。

⑤ "帮助主题号"，可选项。数值表达式，由帮助文件的作者指定给适当的帮助主题的帮助上下文编号。如果提供了帮助主题号，则也必须提供帮助文件。

【例 4-8】MsgBox( )函数输出对话框。

① 建立应用程序的用户界面。选择"新建工程"→"标准 EXE"，进入窗体设计器，在窗体上添加一个命令按钮（名为 btn_msgbox），如图 4-17（a）所示。

② 设置对象的属性（表 4-5）。

表 4-5 设置对象的属性

对象名称	属性	属性值
btn_msgbox	Caption	MsgBox 的使用

③ 设计代码。

编写命令按钮 btn_change 的 Click 事件代码：

```
Private Sub btn_msgbox_Click( )
  Dim msg As Integer
  msg=MsgBox("你对Visual Basic程序设计感兴趣吗？",291,"消息框示例")
```

MsgBox 函数的第二个参数也可以用 VbYesNoCancel+VbQuestion+VbDefaultButton2 替换。

```
  Print msg
End Sub
```

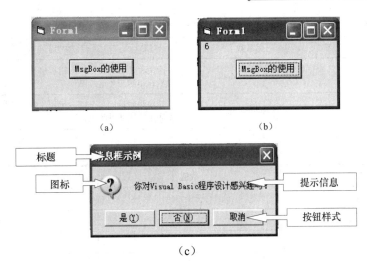

（a）　　　　　　　　　　（b）

（c）

图 4-17　MsgBox 输出对话框

说明：

① 程序执行后，首先会显示图 4-17（a）所示的用户界面；单击"Msgbox 的使用"按钮后，系统会弹出图 4-17（c）所示的用户界面；单击"是"按钮，系统在图 4-17（b）所示的用户界面中打印 6。

② 输出对话框的样式由 MsgBox( )函数或语句的第二个参数来决定，其值不同，对话框的样式不同。具体请参照表 4-6。

③ 图 4-17（b）中打印出"6"是因为用户单击了"是"按钮。如果用户单击的是"否"按钮，则在图 4-17（b）中将打印出"7"；如果用户单击的是"取消"按钮，则在图 4-17（b）中将打印出"2"。具体请参照表 4-7。

表 4-6　MsgBox 函数输出对话框样式的取值和含义

分组	数值	内部常数	描述
按钮数目及样式	0	VbOKOnly	（默认值）只显示确定（OK）按钮
	1	VbOKCancel	显示确定（OK）和取消（Cancel）按钮
	2	VbAbortRetryIgnore	显示终止（Abort）、重试（Retry）和忽略（Ignore）按钮
	3	VbYesNoCancel	显示是（Yes）、否（No）和取消（Cancel）按钮
	4	VbYesNo	显示是（Yes）、否（No）按钮
	5	VbRetryCancel	显示重试（Retry）、取消（Cancel）按钮
图标类型	16	VbCritical	显示 Critical Message 图标
	32	VbQuestion	显示 Warning Query 图标
	48	VbExclamation	显示 Warning Message 图标
	64	VbInformation	显示 Information Message 图标
默认按钮	0	VbDefaultButton1	第一个按钮是默认值
	256	VbDefaultButton2	第二个按钮是默认值
	512	VbDefaultButton3	第三个按钮是默认值
	768	VbDefaultButton4	第四个按钮是默认值

续表

分组	数值	内部常数	描述
模式	0	VbApplicationModal	应用程序强制返回；应用程序一直被挂起，直到用户对消息框作出响应才继续工作
	4 096	VbSystemModal	系统强制返回；全部应用程序都被挂起，直到用户对消息框作出响应才继续工作

表 4-7　MsgBox( )函数的返回值

用户的操作	数值	内部常量
确定（OK）	1	vbOK
取消（Cancel）	2	vbCancel
终止（Abort）	3	vbAbort
重试（Retry）	4	vbRetry
忽略（Ignore）	5	vbIgnore
是（Yes）	6	vbYes
否（No）	7	vbNo

4.3　综合应用举例

【例 4-9】输出指定范围内的 3 个随机整数，范围在文本框中输入，结果在标签中输出。

① 建立应用程序的用户界面。选择"新建工程"→"标准 EXE"，进入窗体设计器，在窗体上添加两个标签（名称分别为 lb_Min 和 lb_Max）、三个文本框（名称分别为 txt_Min、txt_Max 和 txt_Result）和一个命令按钮（名为 btn_Rand），如图 4-18 所示。

② 设置对象的属性，见表 4-8。

表 4-8　设置对象属性

对象名称	属性	属性值
lb_Min	Caption	随机数最小值为：
lb_Max	Caption	随机数最大值为：
txt_Min	Text	空
txt_Max	Text	空
txt_Result	Text	空
btn_Rand	Caption	产生随机数

③ 设计代码。

编写命令按钮 btn_Rand 的 Click 事件代码：

```
Private Sub btn_Rand_Click( )
    Rem min 和 max 变量用来存放最小值和最大值，
    Rem i、j、k 分别用来存储产生的三个随机数
```

```
Dim min As Integer, max As Integer, i As Integer, j As Integer, k As Integer

Rem 因为要得到最大值和最小值，因此先获取相应文本框的文本，
Rem 然后转换成整型数据，在这里用 fix 函数完成数据的转换

min = Fix(Val(txt_Min.Text))
max = Fix(Val(txt_Max.Text))

Rem Rnd 函数用于生成一个小于 1 而大于或等于 0 的一个数
Rem 若生成一个[x,y]区间内的一个数，可采用公式：rnd( )*(y-x+1)+x

i = Fix(Rnd( )  *  (max - min + 1)) + min
j = Fix(Rnd( )  *  (max - min + 1)) + min
k = Fix(Rnd( )  *  (max - min + 1)) + min


'将三个随机数拼接起来，在文本框中输出

txt_Result.Text = i & "," & j & "," & k
End Sub
```

程序运行结果如图 4-18 所示。

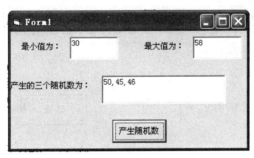

图 4-18　产生随机数的用户界面

说明：若生成一个 [x, y] 区间内的一个数，可采用公式：fix(rnd( )*(y-x+1))+x。

【例 4-10】已知圆的半径，求圆的周长和面积。

① 建立应用程序的用户界面。选择"新建工程"→"标准 EXE"，进入窗体设计器，在窗体上添加三个标签（名称分别为 lb_Radius、lb_Perimeter 和 lb_Area）、三个文本框（名称分别为 txt_Radius、txt_Perimeter 和 txt_Area）和一个命令按钮（名为 btn_Compute），如图 4-19 所示。

② 设置对象的属性，见表 4-9。

表 4-9　设置对象的属性

对象名称	属性	属性值
lb_Radius	Caption	圆的半径：
lb_Perimeter	Caption	周长：

续表

对象名称	属性	属性值
lb_Area	Caption	面积:
txt_Radius		
txt_Perimeter	Text	空
txt_Area		
btn_Compute	Caption	计算

③ 设计代码。

编写命令按钮 btn_Compute 的 Click 事件代码:

```
Private Sub btn_Compute_Click( )
  Dim radius As Double, perimeter As Double, area As Double
  radius = Val(txt_Radius.Text)
  perimeter = 3.14159 * 2 * radius
  area = 3.14159 * radius * radius
  txt_Perimeter.Text = perimeter
  txt_Area.Text = area
End Sub
```

程序运行结果如图 4-19 所示。

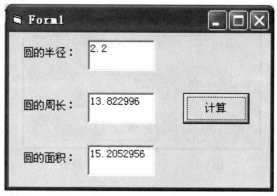

图 4-19　计算圆面积和周长的用户界面

习 题 4

一、选择题

1. InputBox 函数返回值的类型为(　　　)。

A. 字符串　　　　　　　　　　　　　B. 数值

C. 变体　　　　　　　　　　　　　　D. 数值或字符串(视输入的数据而定)

2. 设有语句:a=InputBox("请输入数值:","输入示例","100"),程序执行后,若从键盘上输入数值 20 并按回车键,则变量 a 的值是(　　　)。

A. 字符串"20"　　　B. 字符串"120"　　　C. 默认值 100　　　D. 数值 120

3. 语句 PRINT "25*4"的输出结果是（　　　）。

A. 25*4　　　　　B. "100"　　　　　C. 100　　　　　D. 出现错误信息

4. 下面正确的赋值语句是（　　　）。

A. x+y=30　　　　B. y=π*r*r　　　　C. y=x+30　　　　D. 3y=x

5. 为了给 x，y，z 三个变量赋初值1，下面正确的赋值语句是（　　　）。

A. x=1: y=1: z=1　　B. x=1，y=1，z=1　C. x=y=z=1　　　D. xyz=1

6. 赋值语句 a=123+left（"123456",3）执行后，a 变量中的值是（　　　）。

A."12334"　　　　　B. 123　　　　　C. 12334　　　　　D. 246

7. 赋值语句 a=123 & MID（"123456",3,2）执行后，a 变量中的值是（　　　）。

A. "12334"　　　　　B. 123　　　　　C. 12334　　　　　D. 157

8. 在 Visual Basic 中，下列（　　　）程序行是正确的。

A. X=Y=5　　　　B. A+B=C^3　　　C. Y=1 & Y=Y+1　D. I=X10

9. 假定 X 是一个数值型变量,那么由函数组成的表达式 INT（X/2）=X/2 的作用是(　　　)。

A. 用于测试 X 是否偶数　　　　　　B. 返回一个整数

C. 返回一个奇数　　　　　　　　　D. 用于测试 X 是否整数

10. 在 Visual Basic 中，下列（　　　）单词用于注释语句。

A. Rem　　　　　B. End　　　　　C. Else　　　　　D. Loop

11. 如果在立即窗口中执行以下操作：a=8:b=9:print a＞b，则输出结果是（　　　）。

A. −1　　　　　B. 0　　　　　C. False　　　　　D. True

12. 下列叙述中不正确的是（　　　）。

A. 注释语句是非执行语句，仅对程序的有关内容起注释作用，它不被解释和编译

B. 注释语句可以放在代码中的任何位置

C. 注释语句只能以关键字 REM 开头

D. 代码中加入注释语句的目的是提高程序的可读性

13. 设有语句 x=inputbox（"输入数值"，"0"，"示例"），程序运行后，如果从键盘上输入数值 10 并按 Enter 键，则下列叙述正确的是（　　　）。

A. 变量 x 的值是数值 10

B. 在对话框标题栏中显示的是"示例"

C. 0 是默认值

D. 变量 x 的值是字符串"10"

二、填空题

1. VB 的 Print 方法具有＿＿＿＿＿和＿＿＿＿＿双重功能。

2. 在窗体上画一个命令按钮，然后编写如下事件过程：

```
Private Sub Command1_Click( )
  a = InputBox("请输入一个整数")
  b = InputBox("请输入一个整数")
  Print a + b
End Sub
```

程序运行后，单击命令按钮，在输入对话框中分别输入 321 和 456，输出结果为

_____。

3. 执行 a=300:b=20:a=a+b:b=a−b:a=a−b 的程序段后，b 的值为_____。

4. 阅读以下程序段，按屏幕显示效果，写出运行结果。

```
a=1
b=1
print a,b
a=a+b
b=a+b
print a,b
```

运行结果为_____。

三、程序设计题

1. 假设有变量 a=2，b=5，c=4，d=3，e=6，编写程序，计算表达式 a+b>c and d*a=e 的值，将结果打印在窗体上。

2. 设计程序，要求输入一个数据，然后将该数据扩大 10 倍后输出。

3. 生成 3 个 20 以内的随机数，输出在窗体上。

4. 在文本框输入一个三位数据，单击窗体后，在窗体打印输出该数的个位数、十位数和百位数。

5. 随机生成一个三位正整数，将它顺序和逆序输出。例如，生成的随机三位整数是 246，逆序则为 642。

6. 设计一个程序，窗体中有一个文本框、一个标签和一个命令按钮，在文本框中输入信息后，单击命令按钮将其复制到标签中。

7. 编写程序，界面如图 4-20 所示。使得单击一次按钮可以产生一个 [60，90] 之间的随机数并显示在标签 1 上，再求出该数的正弦值，将结果写在标签 2 上。

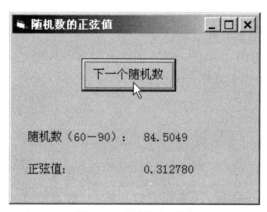

图 4-20　程序运行界面

8. 编写计算圆面积和球体积的程序，程序运行界面如图 4-21 所示。要求输出结果只保留四位小数；如果半径的输入不合法，例如含有非数值字符，应该用 MsgBox 报告输入错误，并在错误信息得到用户确认（单击 MsgBox 对话框上的"确定"按钮）之后，将输入焦点转移到输入半径的文本框中，且将当前的非法输入自动选定，反白显示。

【提示】

① 判断输入值是否为数值类型可用函数 IsNumeric( )。

② VB 大部分数据类型之间在适当的时候会自动相互转换，此谓隐式转换。例如，文本框的 Text 属性为字符串类型，当用 Text 属性值直接参加算术运算时，Text 属性值先会自动转换为数值类型，然后再参加算术运算。但是当 Text 属性值含有非数字字符时，会产生"类型不匹配"的运行时错误，因此有些情况下采用显示转换更为安全妥当。

当字符串类型向数值类型转换时，用函数 Val( )；而当数值类型向字符串类型转换时，可以用 Str( )函数或格式化函数 Format( )。

图 4-21　程序运行界面

第5章

<<<<<<

选择结构

在计算机中需要处理的问题往往是复杂多变的，仅仅采用顺序结构远远不够，因此必须引入选择结构来解决实际应用中的各种问题。选择结构也叫作分支结构。选择结构会根据条件的不同，选择执行不同的分支语句来解决问题。在 Visual Basic 程序设计中，使用 If 语句和 Select Case 语句来实现选择结构。

5.1　If 条件语句

5.1.1　单分支结构

格式 1（块形式）：

```
If <表达式> Then
    语句块
End If
```

格式 2（单行形式）：

```
If <表达式> Then <语句>
```

说明：

① 单分支结构语句运行流程如图 5-1 所示。

② 表达式：一般为关系表达式、逻辑表达式或算术表达式。若为算术表达式，其值按非零为 True、零为 False 进行判断。

③ 使用格式 1 时，必须从 Then 后换行，也必须用 End If 结束。

使用格式 2，即将整个条件语句写在一行，则不能使用 End

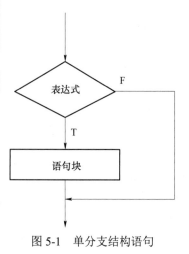

图 5-1　单分支结构语句

If。若有多个语句，语句之间使用"："分隔。

【例 5-1】已知两个数 a 和 b，比较它们的大小，使得 a 大于 b（两数交换必须要用到第三个数 t）。

写成程序形式可为：

```
If a<b then
  (1) t=a
  (2) a=b          '思考：若将语句(1)和与语句(2)的顺序交换一下,能否实现交换?
  (3) b=t
End if
```

或写成：

```
if a<b Then t=a : a=b : b=t
```

5.1.2 双分支结构

格式 1（块形式）：

```
If <表达式> Then
    <语句块 1>
    Else
  <语句块 2>
End if
```

格式 2（单行形式）：

```
If <表达式> Then <语句块 1> Else <语句块 2>
```

双分支结构语句运行流程如图 5-2 所示。

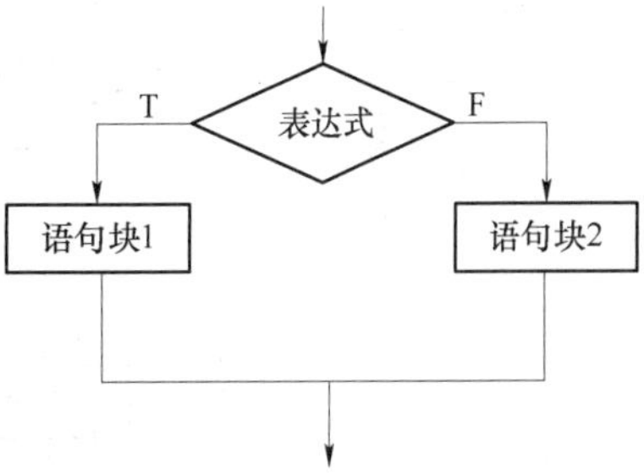

图 5-2 双分支结构语句

说明：当表达式的值为 True 时，执行<语句块 1>，否则执行<语句块 2>。

【例 5-2】编写程序，计算下列分段函数的值：

$$y = \begin{cases} \sin x + \sqrt{x^2+1} & x \neq 0 \\ \cos x - x^3 + 3x & x = 0 \end{cases}$$

方法一：单分支结构实现：

```
y=cos(x)—x^3+3*x
If x<>0 Then  y=sin(x)+sqr (x*x+1)
```

方法二：双分支结构实现：

```
If  x<>0 Then
y=sin(x)+sqr (x*x+1)
Else
y=cos(x)—x^3+3*x
End If
```

5.1.3 多分支结构

格式：

```
If <表达式 1> Then
    <语句块 1>
ElseIf <表达式 2> Then
    <语句块 2>
…
[Else
    <语句块 n+1>]
End If
```

多分支结构语句运行流程如图 5-3 所示。

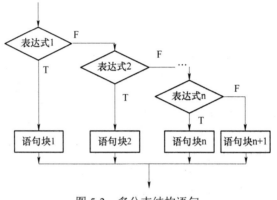

图 5-3 多分支结构语句

说明：

首先判断表达式 1，若其值为 True，则执行<语句块 1>，然后结束 If 语句，否则判断表达式 2，若其值为 True，则执行<语句块 2>，然后结束 If 语句；否则再继续往下判断其他表达式的值。如果所有表达式的值都为 False，则执行<语句块 n+1>。注意：ElseIf 不能写成 Else If。

【例 5-3】已知变量 strc 中存放了一个字符，判断该字符是字母字符、数字字符还是其他字符。程序运行界面如图 5-4 所示。

图 5-4 例 5-3 程序运行界面

程序代码如下：

```
Dim strc As String
strc = Text1.Text
If UCase(strc) >= "A" And UCase(strc) <= "Z" Then
    Text2.Text = "是字母"
ElseIf strc >= "0" And strc <= "9" Then
    Text2.Text = "是数字"
Else
    Text2.Text = "是其他字符"
End If
```

【例 5-4】输入一个学生成绩，评定其等级。方法是：90～100 分为"优秀"，80～89 分为"良好"，70～79 分为"中等"，60～69 分为"及格"，60 分以下为"不合格"。

使用 If 语句实现的程序段如下：

```
x=Val(Inputbox("请输入 x 的值"))
If  x>=90 Then
    Print "优秀"
ElseIf  x>=80 Then
    Print "良好"
ElseIf  x>=70  Then
    Print "中等"
ElseIf  x>=60 Then
    Print "及格"
Else
Print "不及格"
    End If
```

思考与讨论：上面的程序段中每个 ElseIf 语句中的表达式都作了简化，例如，第一个 ElseIf 的表达式本应写为"x>=80 and x<90"，而写为"x>=80"，为什么能作这样的简化？如果将上面的程序段改写成下面两种形式是否正确？

第一种形式：   第二种形式：

```
If  x>=60 Then              If  x<60 Then
    Print "及格"                Print "不及格"
ElseIf  x>=70 Then          ElseIf  x<70  Then
    Print "中等"                Print "及格"
ElseIf  x>=80 Then          ElseIf  x<80 Then
    Print "良好"                Print "中等"
ElseIf  x>=90 Then          ElseIf  x<90 Then
    Print "优秀"                Print "良好"
Else                        Else
    Print "不及格"              Print "优秀"
End If                      End If
```

【例 5-5】根据边长判断三角形类型。

程序代码如下：

```
Dim a!, b!, c!, s!, area!
a = InputBox("输入三角形边 a")
b = InputBox("输入三角形边 b")
c = InputBox("输入三角形边 c")
If a = b And b = c Then
    Print "是等边三角形"
ElseIf a = c Or b = c Or a = b Then
    Print "是等腰三角形"
ElseIf a^2+b^2=c^2 Or a^2+c^2=b^2 Or c^2+b^2=a^2 Then
    Print "是直角三角形"
Else
    Print "是任意三角形"
End If
s = (a + b + c) / 2
area = Sqr(s * (s - a) * (s - b) * (s - c))
Print "面积=";area
```

5.1.4 If 语句的嵌套

格式：

```
If <表达式1> Then
   If <表达式11> Then
      …
   End If
   …
End If
```

含义：指 If 或 Else 后面的语句块中又完整包含 If 语句。

说明：

① 对于嵌套结构，为了增强程序的可读性，书写时采用锯齿形。

② If 语句形式若不在一行上书写，必须与 End If 配对。多个 If 嵌套，End If 与它最接近的 If 配对。

【例 5-6】已知 x、y、z 三个数，使得 x＞y＞z。

用一个 IF 语句和一个嵌套的 IF 语句实现：

```
If  x<y Then t=x: x=y: y=t
If  y<z Then
   t=y: y=z: z=t
   If  x<y  Then
      t=x: x=y: y=t
```

```
      End If
   End If
```

5.2   Select Case 语句（情况语句）

例 5-6 中除了可以使用 If 语句来实现，还可以使用用于处理多分支情况的语句 Select Case，该语句能更加方便、直观地处理多种选择情况的问题。

Select Case 语句格式：

```
Select Case  <表达式>
   Case<表达式列表 1>
      <语句块 1>
   Case<表达式列表 2>
      语句块 2
   …
   Case Else
      <语句块 n+1>
End select
```

说明：

<表达式列表>：与<变量或表达式>同类型的下面四种形式之一：

① 表达式   例："A"

② 一组枚举表达式（用逗号分隔）   2，4，6，8

③ 表达式 1 To 表达式 2   60 To 100

④ Is 关系运算符表达式   Is＜60

【例 5-7】变量 strc 中存放了一个字符，判断该字符类型。

在例 5-3 中用多分支结构实现：

```
If UCase(strc) >= "A" And UCase(strc) <= "Z" Then
   Text2.Text = "是字母"
ElseIf strc >= "0" And strc <= "9" Then
   Text2.Text = "是数字"
Else
   Text2.Text = "是其他字符"
End If
```

用 Select Case 语句实现如下：

```
Select Case  strc
 Case "a" To "z","A" To "Z"
   Print  strc + "是字母字符"
 Case "0" To "9"
    Print  strc + "是数字字符"
 Case Else
    Print  strc + "其他字符"
End Select
```

【例 5-8】编写 1 个大小写字母转换程序，要求将大写字母转换成对应的小写字母，小写字母转换成对应的大写字母，空格不转换，其余转换为*号，每输入一个字符，马上就进行判断和转换，程序运行界面如图 5-5 所示。

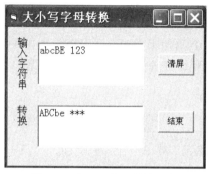

图 5-5　大小写字母转换程序

程序运行代码如下：

```
Private Sub Text1_KeyPress(KeyAscii As Integer)
Dim aa As String * 1                    '定义一个长度为1的字符串型变量
aa = Chr$(KeyAscii)
Select Case aa
  Case "A" To "Z"                       '大写字母转换成相应的小写
    aa = Chr$(KeyAscii + 32)
  Case "a" To "z"                       '小写字母转换成相应的大写
    aa = Chr$(KeyAscii - 32)
  Case " "                              '空格不转换
  Case Else                             '其余转换为*号
    aa = "*"
End Select
Text2.Text = Text2.Text & aa
End Sub
Private Sub Command1_Click()            '清屏命令按钮 command1 的单击事件过程
  Text1.Text = " "
  Text2.Text = " "
End Sub
Private Sub Command2_Click()            '结束命令按钮 command2 的单击事件过程
  End
End Sub
```

5.3　条件函数

1. IIF 函数

IIF 函数可用来执行简单的条件判断操作，它相当于 IF…Then…Else 结构。

格式：

```
IIF（<表达式>,<表达式1>,<表达式2>）
```

说明：

① <表达式>通常是关系表达式、逻辑表达式或算术表达式。如果是算术表达式，其值按非0为True，0为False进行判断。

② 当<表达式>为True时，函数返回<表达式1>的值，否则返回<表达式2>的值。

③ <表达式1>、<表达式2>可为任何类型的表达式。

例如，两个变量a和b中的较大的值赋值给Z。可写成：

```
Max=IIF(a>b,a,b)
```

2. Choose 函数

Choose 函数可实现简单的 Select Case…End Select 语句的功能。

Choose 函数使用格式：

```
Choose（<数值表达式>,<表达式1>,<表达式2>,…,<表达式n>）
```

说明：

① <数值表达式>一般为整数表达式，如果是实数表达式，则将自动取整。

② Choose 函数根据<数值表达式>的值来决定返回其后<表达式列表>中的哪个表达式。若数值表达式的值为1，则返回<表达式1>的值，若<数值表达式>的值为2，则返回<表达式2>的值，依此类推。若<数值表达式>的值小于1或大于n，则函数返回Null。

例如：根据nub为1~4的值，换算成加、减、乘、除四种不同的运算符OP，可写成：

```
OP=Choose（nub,"+","-","×","÷"）
```

选择结构中的常见错误有：

① 在选择结构中缺少配对的结束语句：对多行式的If块语句中，应有配对的End If语句结束。

② 多边选择ElseIf关键字的书写和条件表达式的表示：ElseIf不要写成Else If；多个条件表达式次序问题。

③ Select Case 语句的使用：Select Case 后不能出现多个变量；Case 子句后不能出现变量。

【例5-9】根据当前日期函数 Now、WeekDay，利用 Choose( )函数显示今日是星期几。运行界面如图5-6所示。

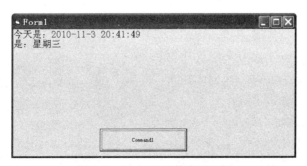

图5-6　choose( )函数应用示例

分析：

Now 或 Date 函数可获得今天的日期；WeekDay 函数可获得指定日期是星期几的整数，

规定星期日是 1，星期一是 2，依此类推。程序代码如下：

```
Private Sub Command1_Click( )
  Print "今天是：";Now
  t = Choose(Weekday(Now),"星期日","星期一","星期二","星期三","星期四","星期五","
星期六")
  Print "是：";t
End Sub
```

5.4 选择结构的嵌套

在 IF 语句的 Then 分支和 Else 分支中可以完整地嵌套另一 IF 语句或 Select Case 语句，同样，Select Case 语句中每一个 Case 分支都可嵌套另一 IF 语句或另一 Select Case 语句。下面是两种正确的嵌套形式：

（1）

```
IF <条件 1> Then
    ...
    if  <条件 2> Then
        ...
    Else
        ...
    End If
    ...
Else
    ...
    IF <条件 3>  Then
        ...
    Else
        ...
    End If
    ...
End IF
```

（2）

```
IF <条件 1> Then
    ...
    Select Case ...
      Case ......
          IF <条件 1>  Then
              ...
          Else
              ...
          End If
```

```
        …
    Case …
        …
    End Select
    …
End IF
```

说明：

① 只要在一个分支内嵌套，不出现交叉，满足结构规则，其嵌套的形式将有很多种，嵌套层次也可以任意多。

② 对于多层 IF 嵌套结构中，要特别注意 IF 与 Else 的配对关系，一个 Else 必须与 IF 配结，配对的原则是：在写含有多层嵌套的程序时，建议使用缩进对齐方式，这样容易阅读和维护。

● 习　题 5

一、选择题

1. VB 提供了结构化程序设计的 3 种基本结构，这 3 种基本结构是（　　　）。

A. 递归结构，选择结构，循环结构

B. 选择结构，过程结构，顺序结构

C. 过程结构，输入、输出结构，转向结构

D. 选择结构，循环结构，顺序结构

2. 结构化程序由 3 种基本结构组成，下面属于 3 种基本结构之一的是（　　　）。

A. 递归结构　　　　　　　　　B. 选择结构

C. 过程结构　　　　　　　　　D. 输入、输出结构

3. 下面程序段：

```
Dim x
x=Int(Rnd)+5
Select Case x
  Case 5
    Print"优秀"
  Case 4
    Print"良好"
  Case 3
    Print"通过"
  Case Else
    Print"不通过"
End Select
```

显示的结果是（　　　）。

A. 优秀　　　　　B. 良好　　　　　C. 通过　　　　　D. 不通过

4. 下面 If 语句统计满足性别为男、职称为副教授以上、年龄小于 40 岁条件的人数，不

正确的语句是（   ）。

A. If sex="男"And age<40 And InStr（duty，"教授"）>0   Then n=n+1

B. If sex="男"And age<40 And（duty="教授"Or duty="副教授"）Then n=n+1

C. If sex="男"And age<40 And Right（duty，2）="教授"Then n=n+1

D. If sex="男"And age<40 And duty="教授"And duty="副教授"Then n=n+1

5. 下面程序段求两个数中的大数，不正确的是（   ）。

A. Max=IIf（x>y，x，y）   B. If x>yThen Max=x Else Max=y

C. Max=x   D. If y>=x Then Max=y

If y>x Then Max=y   Max=x

6. 语句：

```
w=Choose(Weekday("2000,5,1"),"Red","Green","Blue","Yellow")
```

执行后，变量 w 中的值是（   ）。

A. Null   B. "Red"   C. "Green"   D. "Yellow"

7. 下面程序段：

```
Dim  x
If  x  Then  Print  x  Else  Print  x+1
```

运行后，显示的结果是（   ）。

A. 1   B. 0   C. -1   D. 显示出错信息

8. 关于语句 If x=1 Then y=1，下列说法正确的是（   ）。

A. x=1 和 y=1 均为赋值语句

B. x=1 和 y=1 均为关系表达式

C. x=1 为关系表达式，y=1 为赋值语句

D. x=1 为赋值语句，y=1 为关系表达式

9. 计算分段函数

$$y=\begin{cases}0 & x<0 \\ 1 & 0\leq x<1 \\ 2 & 1\leq x<2 \\ 3 & x\geq 2\end{cases}$$

下面程序段中正确的是（   ）。

A. If x<0 Then y=0

If x<1 Then y=1

If x<2 Then y=2

If x>=2 Then y=3

B. If x>=2 Then y=3

If x>=1 Then y=2

If x>0 Then y=1

If x<0 Then y=0

C. If x<0 Then

y=0

```
    ElseIf x＞0 Then
      y=1
    ElseIf x＞1 Then
      y=2
    Else
      y=3
    End If
D.  If x＞=2 Then
      y=3
    ElseIf x＞=1 Then
      y=2
    ElseIf x＞=0 Then
      y=1
    Else
      y=0
    End If
```

二、填空题

1. 下面程序运行后输出的结果是＿＿＿（1）＿＿＿。

```
x=Int(Rnd)+3
If x^2＞8 Then y=x^2+1
If x^2=9 Then y=x^2-2
If x^2＜8 Then y x^3
Print y
```

2. 下面程序的功能是＿＿＿（2）＿＿＿。

```
Dim n%,m%
Private Sub Text1 _ KeyPress(KeyAscii As Integer)
If KeyAscii=13 Then
  If IsNumeric(Text1) Then
    Select Case Text1 Mod 2
      Case 0
        n=n+Text1
      Case 1
        m=m+Text1
    End Select
  End If
  Text1 =""
  Text1.SetFocus
End If
End Sub
```

3. 下面的程序段是检查输入的算术表达式中圆括号是否配对，并显示相应的结果。本程序在文本框输入表达式，边输入边统计，以回车符作为表达式输入结束，然后显示结果。请在下划线处填入相应的内容。

```
Dim count1%
Private Sub Text1_ KeyPress(KeyAscii As Integer)
If      (3)      ="(" Then
  count1=count1+1
ElseIf      (4)      =")" Then
      (5)
End If
If KeyAscii=13 Then
  If      (6)      Then
    Print "左右括号配对"
  ElseIf      (7)      Then
    Print "左括号多于右括号";count1; "个"
  Else
    Print "右括号多于左括号";-count1;"个"
  End If
End If
End Sub
```

注意：

该题中统计括号个数的变量 count1 在通用声明段声明，若在 Text1_KeyPress 内声明，程序会产生什么结果？

4. 输入若干字符，统计有多少个元音字母、有多少个其他字母，不区分大小写，直接按 Enter 键结束，并显示结果。其中，CountY 中放元音字母个数，CountC 中放其他字符数。请在下划线处填入相应的内容。

```
Dim CountY%,CountC%
Private Sub Text1_KeyPress(KeyAscii As Integer)
 Dim C$
 C=      (8)
 If "A"<=C And C<="Z" Then
   Select Case      (9)
     Case      (10)
       CountY=CountY+1
     Case      (11)
       CountC=CountC+1
   End Select
 End If
 If      (12)      Then
   Print "元音字母有";CountY;"个"
   Print "其他字母有";CountC;"个"
```

```
    End If
End Sub
```

三、程序设计题

1. 编程，窗体标题为"猜数游戏"。

基本要求：单击"出题"按钮，则生成一个 1～100 的随机整数；然后在文本框中输入若干数（以回车键结束），大于或小于随机数则给出提示信息，猜 1 个数超过 10 次，则不可再猜该数。猜中了，提示"恭喜你，猜中了"字样。

2. 统计输入信息有多少个英文大写字母、小写字母、数字字符。界面如图 5-7 所示。在 Text1 中输入信息，单击"确定"按钮后，分别在 Text2、Text3、Text4 中显示大写字母、小写字母和数字字符的个数。

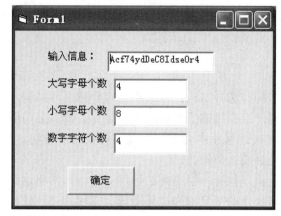

图 5-7 统计字符个数

第6章

VB 循环结构

在前面学习了顺序结构和选择结构，本章将重点介绍循环结构。在编程中，常遇到一些重复执行的操作，比如对一组有规律的数据求和的运算、计算某门课程的平均成绩等，如果使用顺序和选择结构来解决，程序中会重复出现相同或相似语句，程序因此变得冗长。VB中的循环结构可以简单地解决这类问题。

循环结构是一种用于重复执行一组语句的程序结构。通常将这组重复执行的语句称为循环体，将用于控制循环体执行的变量称为循环变量。常用的循环结构有两种：当型循环和直到型循环。当型循环是先判断条件后执行循环，而直到型循环则是先执行循环后判断条件。VB 循环结构的语句有以下 4 种：

① For…Next 语句；

② Do While/Until…Loop 语句；

③ Do…Loop While/Until 语句；

④ While…Wend 语句。

6.1　单重循环

6.1.1　For…Next 语句

For…Next 属于计数循环控制语句，主要运用于循环次数确定的情况下。For…Next 中通常由一个变量来控制循环体的执行次数，当循环体执行了一次，循环变量的值就会修改，当循环变量超出终值，循环体不再执行，退出 For…Next 循环。

For…Next 循环语句的一般格式：

```
For <循环变量>=<初值> to <终值> [step <步长>]
    <语句块 1>
    [Exit For]
```

```
<语句块 2>
Next <循环变量>
```

For…Next 循环语句的流程图如图 6-1 所示。

说明：

① 循环变量用作循环计数器。

② 初值和终值在程序中必须是数值常量或数值表达式。

③ Step<步长>可选，如果省略，则默认为步长值为 1。如果步长不为 1，则 Step<步长>不可省略。步长可以是正数，也可以是负数，步长的符号由初值和终值来确定。如果初值小于终值，则步长的符号为正；否则步长的符号为负。步长不能为 0，如果是 0，则该循环为死循环（死循环是指一个无法通过自身的控制来终止的循环）。

④ For 和 Next 之间的语句称为循环体语句。

⑤ For 后面的循环变量和 Next 后的循环变量要一致。Next 后的循环变量若省略，将不会影响循环语句的执行。

⑥ 循环体语句的执行次数计算公式为：

$$循环次数=Int（（终值-初值）/步长）+1$$

For…Next 循环语句的流程图如图 6-1 所示。

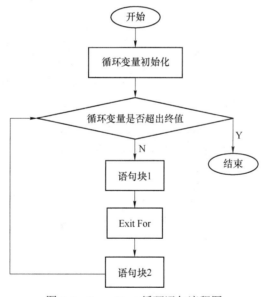

图 6-1　For…Next 循环语句流程图

【例 6-1】编程计算：1+2+3+…+100。

① 创建 VB EXE 标准应用程序，单击工程窗口中的"查看代码"，在代码编辑窗口中选择 Form 对象的 Click 事件进行编程。

② Form 对象的 Click 事件代码如下：

```
Private Sub Form_Click( )
  Dim i As Integer, sum As Integer
  sum = 0
  For i = 1 To 100 Step 1
```

```
    sum = sum + i
  Next i
  Print sum
End Sub
```

③ 运行程序。单击窗口的任意空白处，在窗体上将打印 1～100 的累加和 5 050。

【例 6-2】打印出 2000—2030 年之间所有的闰年。（提示：闰年是指能被 4 整除而不能被 100 整除，或者能被 100 和 400 整除的年份。）

① 创建 VB EXE 标准应用程序，单击工程窗口中的"查看代码"，在代码编辑窗口中选择 Form 对象的 Click 事件进行编程。

② Form 对象的 Click 事件代码如下：

```
Private Sub Form_Click( )
 Dim year As Integer, f1 As Boolean, f2 As Boolean
 For year = 2000 To 2030
   f1 = year Mod 100 = 0 And year Mod 400 = 0
   f2 = year Mod 4 = 0 And year Mod 100 <> 0
   If f1 Or f2 Then
     Print year & "是闰年"
   End If
 Next year
End Sub
```

③ 运行程序。单击窗口的任意空白处，在窗体上将打印出 2000—2030 年之间的所有闰年。程序运行结果如图 6-2 所示。

图 6-2　2000—2030 年之间的所有闰年

6.1.2　Do While/Until…Loop 语句

Do While/Until…Loop 循环是根据条件执行循环体，直到条件不满足时结束循环体的执行。其语法格式如下：

```
Do while|until <条件>
    [语句块 1]
    [exit do]
    [语句块 2]
Loop
```

说明：

① 语句中的条件可以是关系表达式、逻辑表达式和数值表达式。其中如果数值表达式的值为非 0，则条件为真（true）；数值表达式的值为 0，则条件为假（false）。

② 语句的执行过程如下：首先判断 while 或 until 后面的条件。如果条件为真，且 do 后是 while，则执行循环体语句；如果条件为真，且 do 后是 until，则循环结束；如果条件为假，且 do 后是 while，则循环结束；如果条件为假，且 do 后是 until，则执行循环体。

③ exit do 语句是可选的，该语句一旦执行，则直接退出循环。通常该语句放在 if 语句块中。

流程图如图 6-3 和图 6-4 所示。

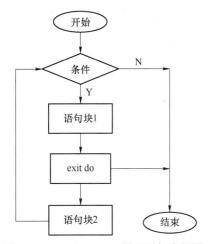 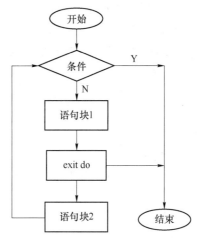

图 6-3　do while…loop 循环语句流程图　　　图 6-4　do until…loop 循环语句流程图

【例 6-3】用 do while…loop 改写例 6-2。

① 创建 VB EXE 标准应用程序，单击工程窗口中的"查看代码"，在代码编辑窗口中选择 Form 对象的 Click 事件进行编程。

② Form 对象的 Click 事件代码如下：

```
Private Sub Form_Click( )
 Dim year As Integer, f1 As Boolean, f2 As Boolean
 Year=2000
 Do while  year <= 2030
  f1 = year Mod 100 = 0 And year Mod 400 = 0
  f2 = year Mod 4 = 0 And year Mod 100 <> 0
  If f1 Or f2 Then
    Print year & "是闰年"
  End If
   year=year+1
  loop
End Sub
```

③ 运行程序。单击窗口的任何空白处，在窗体上将打印出 2000—2030 年之间的所有闰年。程序运行结果如图 6-5 所示。

图 6-5　2000—2030 年之间的所有闰年

【例 6-4】求两个自然数 m、n 的最大公约数。

提示：两个数的最大公约数等于两个数所有的公有质因数连乘的积。

分析：

① 判断 m 能否被 n 整除，如果能，则最大公约数就是 n。如不能，则执行下一步。

② k=m-n。比较 n 和 k，假设 n 大，k 小，则 m=n，n=k；重复上一步，直到 m 能被 n 整除为止。

设计步骤如下：

① 创建 VB EXE 标准应用程序，单击工程窗口中的"查看代码"，在代码编辑窗口中选择 Command1 对象的 Click 事件进行编程。

② Command1 对象的 Click 事件代码如下：

```
Private Sub Command1_Click( )
Dim m As Integer, n As Integer, r As Integer
m = Val(Text1.Text)
n = Val(Text2.Text)
If n * m = 0 Then
  MsgBox "m,n 不能为零"
  Exit Sub
  End If
  r = m Mod n
  Do Until r = 0
    m = n : n = r : r = m Mod n
  Loop
  Text3.Text = n
End Sub
```

③ 运行程序。输入 m 和 n 的值，单击"计算"按钮，程序运行结果如图 6-6 所示。

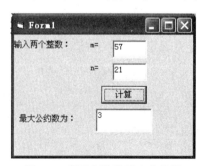

图 6-6　求两个数的最大公约数

6.1.3　Do…Loop While/Until 语句

Do…Loop While/Until 循环和 Do While/Until…Loop 的差别在于：前者先执行循环体，后

判断条件，后者则是先判断条件，再根据条件的值来决定是否执行循环体。其语法格式如下：

```
Do
  [语句块 1]
  [exit do]
  [语句块 2]
Loop while|until <条件>
```

说明：

① 语句中的条件可以是关系表达式、逻辑表达式和数值表达式。其中如果数值表达式的值为非 0，则条件为真（true），数值表达式的值为 0，则条件为假（false）。

② 语句的执行过程如下：首先执行循环体语句，然后判断 while 或 until 后面的条件。如果条件为真，且 do 后是 while，则继续执行循环体语句；如果条件为真，且 do 后是 until，则循环结束；如果条件为假，且 do 后是 while，则循环结束；如果条件为假，且 do 后是 until，则继续执行循环体。

③ exit do 语句是可选的，该语句一旦执行，则直接退出循环。通常该语句放在 if 语句中。

流程图如图 6-7 和图 6-8 所示。

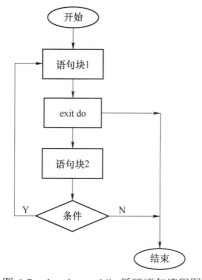

图 6-7　do…loop while 循环语句流程图

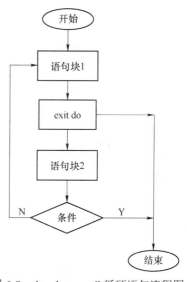

图 6-8　do…loop until 循环语句流程图

【例 6-5】在 3 位数中找出所有水仙花数。

提示：所谓水仙花数，是指一个三位数，其各位数字立方和等于该数本身。例如：153 是一个"水仙花数"，因为 $153=1^3+5^3+3^3$。

① 创建 VB EXE 标准应用程序，单击工程窗口中的"查看代码"，在代码编辑窗口中选择 Command1 对象的 Click 事件进行编程。

② Command1 对象的 Click 事件代码如下：

```
Private Sub Command1_Click( )
  Dim a As Integer, b As Integer, c As Integer
  For i = 100 To 999
```

```
    a = Val(Mid("" & i, 1, 1))              '获取 i 的百位上的数
    b = Val(Mid("" & i, 2, 1))              '获取 i 的十位上的数
    c = Val(Mid("" & i, 3, 1))              '获取 i 的个位上的数
    If a ^ 3 + b ^ 3 + c ^ 3 = i Then  Print  i
  Next
End Sub
```

③ 运行程序。单击窗口的任何空白处，在窗体上将打印出所有的"水仙花数"。程序运行结果如图 6-9 所示。

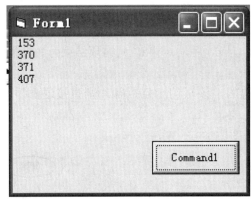

图 6-9　水仙花数

【例 6-6】判断任意给定的正整数是否是素数。

提示：所谓素数，就是该数只能被 1 和其本身整除的数。

① 创建 VB EXE 标准应用程序，单击工程窗口中的"查看代码"，在代码编辑窗口中选择 Command1 对象的 Click 事件进行编程。

② Command1 对象的 Click 事件代码如下：

```
Private Sub Command1_Click( )
 Dim num As Integer, i As Integer
 num = Val(Text1.Text)
 For i = 2 To Sqr(num)
   If num Mod i = 0 Then
     Exit For
   End If
 Next
 If i >= Sqr(num) Then
   Label2.Caption = num & "是素数"
 Else
   Label2.Caption = num & "不是素数"
 End If
End Sub
```

③ 运行程序。输入任意正整数，单击"判断"按钮，程序运行结果如图 6-10 所示。

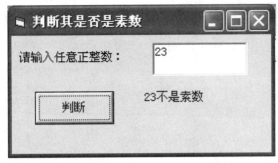

图 6-10　求两数的最大公约数

6.1.4　While…Wend 语句

While…Wend 语句中，只要指定的条件为 True，则会重复执行循环体语句。其语法格式如下：

```
While  <条件>
    语句块
Wend
```

说明：

① 语句中的条件可以是关系表达式、逻辑表达式和数值表达式。其中如果数值表达式的值为非 0，则条件为真（true）；数值表达式的值为 0，则条件为假（false）。

② 语句的执行过程如下：首先判断 while 后面的条件。如果条件为真，则执行循环体语句；如果条件为假，则循环结束。

③ 循环体中不可包含退出循环的语句，因此适应性比 do…loop 语句要弱。

其流程图如图 6-11 所示。

【例 6-7】编写程序，列出 100～1 000 之间能被 3 整除且个位为 6 的所有整数。

分析：本示例中只需要对尾数为 6 的整数判断其能否被 3 整除即可，亦即，需要对 106、116、126 等数据进行判断，这组数据中后一个数据比前一个大 10。

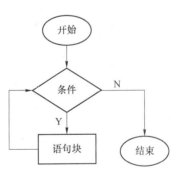

图 6-11　While…Wend 循环语句流程图

① 创建 VB EXE 标准应用程序，单击工程窗口中的"查看代码"，在代码编辑窗口中选择 Command1 对象的 Click 事件进行编程。

② Command1 对象的 Click 事件代码如下：

```
Private Sub Command1_Click( )
 Dim i As Integer, k As Integer, str As String
 i = 106                    'i是循环变量，用于控制循环执行的条件
 k = 0                      '用于控制每行输出 5 个满足条件的整数
 Print "满足条件的数有: "
 While i <= 1000
    If i Mod 3 = 0 Then
```

```
      str = str & i & Space(3)
      k = k + 1
      If k Mod 5 = 0 Then
         Print str
         str = ""
      End If
    End If
    i = i + 10
  Wend
End Sub
```

③ 运行程序。单击窗体上的按钮，程序运行结果如图 6-12 所示。

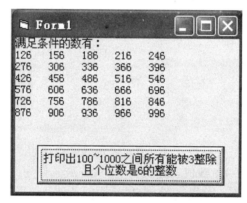

图 6-12　100～1 000 之间能被 3 整除且个位为 6 的整数

【例 6-8】设计程序，打印数字序列 1、1、2、3、5、8、13、21、34、…的前 20 项。

提示：以上数列为 fobinacci 数列，第一项和第二项均为 1，从第三项开始，其每一项都等于前两项之和。

① 创建 VB EXE 标准应用程序，单击工程窗口中的"查看代码"，在代码编辑窗口中选择 Command1 对象的 Click 事件进行编程。

② Command1 对象的 Click 事件代码如下：

```
Private Sub Command1_Click( )
 Dim f1 As Integer, f2 As Integer, str As String
 f1 = 1                '第一项
 f2 = 1                '第二项
 i = 1                 '循环控制
 k = 2                 '用于控制每行输出 5 项
 str = f1 & Space(2) & f2 & Space(2)
 While i <= 18
    f = f1 + f2
    f1 = f2
    f2 = f
    str = str & f & Space(2)
```

```
        k = k + 1
        If k Mod 5 = 0 Then
          Print str
          str = ""
        End If
        i = i + 1
      Wend
   End Sub
```

③ 运行程序。单击窗体中的按钮，程序运行结果如图 6-13 所示。

图 6-13　fobinacci 数列

6.2　双重循环

循环允许嵌套，所谓循环的嵌套，就是一个循环语句的循环体内包含另一个完整的循环结构。这种嵌套的过程可以有很多种，一个循环体中定义了一层循环，叫双重循环，如果一个循环的外面包围两层循环，叫三重循环，依此类推，一个循环的外面包围三层或三层以上的循环，叫多重循环。这种嵌套从理论上来说可以是无限的。

正常情况下，应先执行内层的循环体操作，然后是外层循环。例如：对于双重循环，内层循环被执行的次数应为：内层次数×外层次数。

三种循环语句 while…wend、do…loop、for…next 可以互相嵌套，自由组合。外层循环体中可以包含一个或多个内层循环结构，但要注意的是，各循环必须完整包含，相互之间绝对不允许有交叉现象。

【例 6-9】设计程序，求 1～100 累加操作重复执行五遍。

① 创建 VB EXE 标准应用程序，单击工程窗口中的"查看代码"，在代码编辑窗口中选择 Form 对象的 Click 事件进行编程。

② Form 对象的 Click 事件代码如下：

```
Private Sub Form_Click( )        'FORM 的单击事件
    Dim i, n, sum As Integer     '声明 i,n,sum 三个整型变量,默认值 0
    For i = 1 To 5               '外层 FOR 循环,i 从 1 到 5
      For n = 1 To 100           '内层 FOR 循环,n 从 1 到 100
        sum = sum + n            'sum 变量累加 n 值
```

```
    Next n                          'FOR 循环下一个 n 值
    sum = sum + i                   '外层循环中,sum 继续累加 i 值
  Next i                            '外层循环下一个 i 值
  Print sum                         '打印 sum 值,值为 25265
End Sub                             '单击事件结束
```

③ 运行程序。单击窗体,程序运行结果如图 6-14 所示。

【例 6-10】 修改例 6-9,如果累加和大于 10 000,则终止程序。

① 创建 VB EXE 标准应用程序,单击工程窗口中的"查看代码",在代码编辑窗口中选择 Form 对象的 Click 事件进行编程。

② Form 对象的 Click 事件代码如下:

图 6-14　求累加和

```
Private Sub Form_Click( )               'FORM 的单击事件
    Dim i, n, sum As Integer            '声明 i,n,sum 三个整型变量,默认值 0
    For i = 1 To 5                      '外层 FOR 循环,i 从 1 到 5
        For n = 1 To 100               '内层 FOR 循环,n 从 1 到 100
            sum = sum + n              'sum 变量累加 n 值
        Next n                         'FOR 循环下一个 n 值
        sum = sum + i                  '外层循环中,sum 继续累加 i 值
        If sum > 10000 Then Exit For   '判断 sum 值,如果大于 10000,则退出循环
    Next i                             '外层循环下一个 i 值
    Print sum                          '打印 sum 值,值为 10103
End Sub                                '单击事件结束
```

注:本例程序中打印的 sum 的值为 10 103。

6.3　综合应用举例

【例 6-11】 打印九九乘法表。

分析:下三角九九乘法表中,第 i 行有 i 列,且第 i 行第 j 个等式的被乘数等于 j,乘数等于行数 i。

设计步骤如下:

① 创建 VB EXE 标准应用程序,单击工程窗口中的"查看代码",在代码编辑窗口中选择 Form 对象的 Click 事件进行编程。

② Form 对象的 Click 事件代码如下:

```
private sub form_click( )
for i=1 to 9
  for j=1 to i
      print i & "×" & j & "=" & i * j & " ";
                              '分号表示第 i 行中的各等式以紧凑格式进行输出
  next j
```

```
    print              '表示第 i 行所有等式打印完毕后换行
  next i
end sub
```

③ 运行程序。单击窗体，程序运行结果如图 6-15 所示。

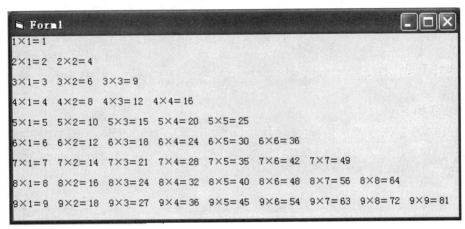

图 6-15   九九乘法表

【例 6-12】百钱百鸡问题。用 100 元钱买 100 只鸡，公鸡、母鸡、小鸡都要有。公鸡 5 元 1 只，母鸡 3 元 1 只，小鸡 1 元 3 只。请问公鸡、母鸡、小鸡各应该买多少只？

分析：假设 100 元买 x 只公鸡，y 只母鸡，那小鸡的数量就是 100–x–y；由于 100 元钱最多买 20 只公鸡，33 只母鸡，则 x 的取值范围是 1～20，y 的取值范围是 1～33；对 x、y 的取值范围内的数进行判断，如果满足 x 只公鸡、y 只母鸡和 100–x–y 只小鸡的价值为 100 元，则满足条件，输出 x、y、100–x–y。

① 创建 VB EXE 标准应用程序，单击工程窗口中的"查看代码"，在代码编辑窗口中选择 Form 对象的 Click 事件进行编程。

② Form 对象的 Click 事件代码如下：

```
Private Sub Form_click( )
  Dim x As Integer, y As Integer
  Print "百钱百鸡问题的解决方案有以下几种："
  For x = 1 To 20
    For y = 1 To 33
      If  x * 5 + y * 3 + (100 - x - y) / 3 = 100 Then
        Print x, y, 100 - x - y
      End If
    Next
  Next
End Sub
```

③ 运行程序。单击窗体，程序运行结果如图 6-16 所示。

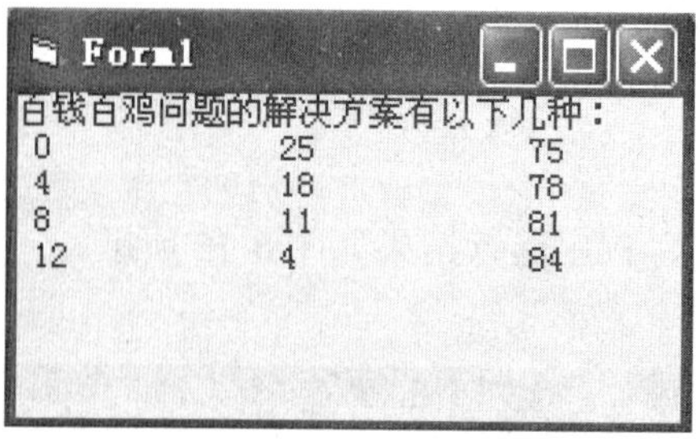

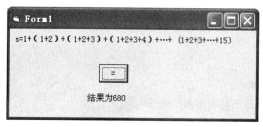

图 6-16　百钱百鸡问题

【例 6-13】设计程序，s=1+(1+2)+(1+2+3)+(1+2+3+4)+…+(1+2+3+…+n)，求当 n=15 时，s 的值。

设计步骤如下：

① 创建 VB EXE 标准应用程序。根据图 6-17 所示的设计界面，在窗口中添加两个标签和一个按钮。单击工程窗口中的"查看代码"，在代码编辑窗口中选择 Command1 对象的 Click 事件进行编程。

② Command1 对象的 Click 事件代码如下：

```
Private Sub Command1_Click( )
  Dim k As Integer, s As Long
  For i = 1 To 15
    k = k + i
    s = s + k
  Next
  Label2.Caption = "结果为" & s
End Sub
```

③ 运行程序。单击窗体上的按钮，程序运行结果如图 6-17 所示。

图 6-17　求 s 的值

【例 6-14】有一根 2 000 m 长的绳子，每天剪去一半，问多少天后绳子的长度小于 0.01 m。

① 创建 VB EXE 标准应用程序。单击工程窗口中的"查看代码"，在代码编辑窗口中选择 Form 对象的 Click 事件进行编程。

② Form 对象的 Click 事件代码如下：

```
Private Sub Form_click( )
  Dim n As Integer, leng As Single
  leng = 2000
  n = 0
  While leng > 0.01
```

```
      leng = leng / 2#
      n = n + 1
  Wend
  Print
  Print  n & "天后，绳子的长度小于 0.01m"
End Sub
```

③ 运行程序。单击窗体上的按钮，程序运行结果如图 6-18 所示。

图 6-18   程序运行界面

习 题 6

一、选择题

1. 下列循环正常结束的是（　　　）。

A. i=5　　　　　　　　B. i=1　　　　　　　　C. i=10　　　　　　　　D. i=6

　Do　　　　　　　　　　Do　　　　　　　　　　Do　　　　　　　　　　Do

　　I=i+1　　　　　　　　i=i+1　　　　　　　　i=i+1　　　　　　　　i=i-2

　Loop until i＜0　　loop until i=10　　loop while i＞0　　loop until i=1

2. 下列程序段执行的输出结果是（　　　）。

```
S=0:T=0:U=0
For i=1 to 3
  For j=1 to I
    For k=j to 3
      S=S+1
    Next
    T=T+1
  Next
  U=U+1
Next
Print S;T;U
```

A. 3 6 14　　　　　　　B. 14 6 3　　　　　　C. 14 3 6　　　　　　D. 16 4 3

3. 下列程序输出的结果是（　　　）。

```
Private sub command1_click( )
  a$="abbacddcba"
  For I=6 to 2 step -2
```

```
        X=mid(a,I,I)
        Y=left(a,I)
        Z=Right(a,I)
        Z=Ucase(X & Y & Z)
     Next I
     Print Z
  End sub
```

4. 在窗体上添加一个名称为 Command 的命令按钮、一个名称为 Label1 的标签，然后编写如下事件过程：

```
Private Sub Command1_Click( )
   s=0
   For i=1 to 15
     x=2*i-1
     If x mod 3=0 then s=s+1
   Next i
   Label1.caption=s
End Sub
```

程序运行后，单击命令按钮，则标签中显示的内容是（   ）。

A. 1   B. 5   C. 27   D. 45

5. 下列程序运行后，单击 Command1 命令按钮，则窗体上显示的内容是（   ）。

```
Private Sub Command1_Click( )
   Dim num As Integer
   Num=1
   Do Until Num>6
     Print Num
     Num=Num+2.4
   loop
End Sub
```

A.1 3.4 5.8   B. 1 3 5   C. 1 4 7   D. 无数据输出

6. 以下程序段执行后，a 的值为（   ）。

```
For i=1 to 3
  For j=i to 5
    For k=j to 3
      a=a+1
    Next k
  Next j
Next i
```

A.13   B. 10   C. 9   D. 21

二、填空题

1. 下列程序运行后的输出结果是＿＿＿＿＿＿＿＿。

```
Private Sub Command1_Click( )
  For i=1 to 4
    X=4
    For j=1 to 3
      X=3
      For k=1 to 2
       X=X+6
      Next k
    Next j
  Next i
  Print X
End Sub
```

2. 下面的 For 语句循环体要执行_____次。

```
For m=140 to -7 step -3
   ...
Next
```

3. 下列程序用于计算 $1^2-2^2+3^2-4^2+\cdots+(n-1)^2-n^2$，请在横线上补充完整程序。

```
Private Sub Form_Click( )
  N=Val(InputBox("请输入大于零的偶数"))
  S=0:I=1:C=1
  Do
    S=_____
    C=_____
    I=I+1
  Loop while I<=N
  Print S
End Sub
```

三、程序设计题

1. 编写一个程序，当程序运行时，单击窗体后，用单循环在窗体上输出规则字符图形，如图 6-19 所示。

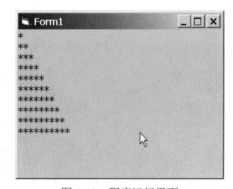

图 6-19　程序运行界面

2. 编写程序，计算 Sum=1+2+3+…的值，直到 Sum＞6 000 为止。

3. 编写程序，用循环在窗体上实现图 6-20 所示的图形。

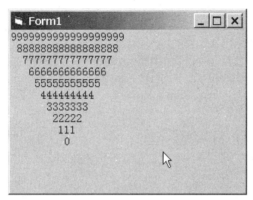

图 6-20　程序运行界面

4. 编程打印 3～100 之间的所有素数，并求这些素数的和。

5. "完备数"是指一个数恰好等于它的因子之和，如 6 的因子为 1、2、3，而 6=1+2+3，因而 6 就是完备数。编写程序，找出 9～999 之间的所有"完备数"。

6. 猴子吃桃问题。猴子第一天摘下若干个桃子，当即吃了一半，还不过瘾，又多吃了一个。第二天早上又将剩下的桃子吃掉一半，又多吃了一个。以后每天早上都吃了前一天剩下的一半零一个。到第十天早上再想吃时，就只剩一个桃子了。求第一天共摘了多少个桃子？

7. 有一个数列，它的头三个数为 0、0、1，从第四个数开始，以后的每个数都是其前三个数之和。编写窗体的单击事件代码，在窗体中输出数列的各项，直到第 30 项或最后一项超过 1 000 为止。

第7章

数　　组

前面介绍了程序设计的 3 种基本结构，在数据类型方面使用了包括数值型、字符型、布尔型等类型。这类数据的变量叫作简单变量，它们的共同点是一次只能存放一个数据。如果要处理一组性质和类型都相同的数据，采用简单变量已不能完成要求。Visual Basic 提供了数组类型，利用数组可以方便灵活地组织和使用数据。

7.1　数组的概念

7.1.1　引例

输入 10 个同学的分数，求出他们的平均成绩及大于平均值的那些分数。

1. 用简单变量实现

其程序段如下：

```
Dim N%,S!,Ave!,a1!,a2!,a3!,a4!,a5!,a6!,a7!,a8!,a9!,a10!
a1!=val(inputbox("a1="))
a2!=val(inputbox("a2="))
…
a10!= val(inputbox("a10="))
S=a1+a2+a3+a4+a5+a6+a7+a8+a9+a10
Ave=S/10
If a1>Ave then print a1
If a2>Ave then print a2
…
If a10>Ave then print a10
```

读者可以看到该程序很冗长。假设如果是 100 个同学、1 000 个同学，或者是 10 000 个同学，此时按上面方法编写程序就几乎变成不可能完成的任务了。

2. 用数组方法实现

其程序段如下：

```
Dim i%,S!,Ave!,a!(10)
For i=1 to 10
 a(i)=Val(InputBox("输入 a("& i &")=?"))
 S=S+a(i)
Next i
Ave=S/10
For i=1 to 10
 If a(i)>Ave then print a(i)
Next i
```

上面程序中的 a(i) 是 VB 语言中表示下标变量的方法。可以看到，不论是 10 个同学、100 个同学，上述程序不会增加代码，程序书写简洁、结构清晰。比较前面的程序，使用数组处理大量数据要比使用简单变量的程序简明得多。

7.1.2 数组的概念

1. 数组的定义

数组是用统一的名字、不同的下标、顺序排列的一组变量。数组中的成员称为数组元素。数组元素通过不同的下标加以区分，因此数组元素又称为下标变量。

可以用数组名和下标来唯一地识别一个数组中的某个具体元素。

说明：

① 数组必须先声明后使用。

② 数组的命名和简单变量的命名规则相同。

③ 数组元素的下标必须为常数，不允许为表达式或变量。

④ 数组元素的下标必须用括号括起来，不能把 a（6）写成 a6。

2. 数组的上界和下界

数组下标的最小值称为数组的下界；数组下标的最大值称为数组的上界。在默认情况下，声明的静态数组的下标下界一般从 0 开始，为了便于使用，在 VB 中的窗体级或标准模块级中用 option base n 语句重新设定数组的下界。

例如：option base 1，则设定数组下标下界为 1。

3. 数组的类型

Visual Basic 中的数组，按不同的方式分为以下几类：

① 按数组的大小是否可以改变，可分为静态数组、动态数组。

② 按元素的数据类型，可分为数值型数组、字符串数组、日期型数组、变体数组等。

③ 按数组维数，可分为一维数组、二维数组和多维数组。

④ 按对象数组，可分为菜单对象数组、控件数组。

7.2 静 态 数 组

在 Dim 语句中，下标的上下界都是常数的数组叫作静态数组。静态数组在声明后，它的大小被确定，且系统为它开辟的存储单元固定，存储空间不能被释放，即这片连续的存储单元仅供该数组使用。所以说，静态数组被声明后的大小和维数不变。

7.2.1 一维数组

只有一个下标变量的数组，称为一维数组。

1. 一维数组的声明

一维数组的声明格式如下：

```
Dim 数组名（[下界 to]上界）[As 类型]
```

或

```
Dim 数组名[<数据类型符>]（[下界 to]上界）
```

例如：

```
Dim a(10) As Integer        '声明数组 a 有 11 个元素
Dim a%(10)                  '声明数组 a 有 11 个元素
```

其中：

① 数组元素的个数由它的<上界>和<下界>决定：上界−下界+1。

② 下标不能超出数组声明时的上、下界范围，否则会产生"索引超出了数组界限"错误。

③ 如果省略 as，则数组的类型为变体类型。

2. 一维数组元素的引用

一维数组元素的引用形式为：

```
数组名（下标）
```

说明：

① 数组元素可以出现在表达式中，也可以被赋值。数组元素引用形式中的下标可以是整型变量、常量或表达式。数组声明中的下标关系到每一维的大小，是数组说明符，说明了数组的整体；而在程序其他地方出现的下标是为了确定数组中的一个元素，也就是用来表示数组中的一个元素。两者写法相同，但意义不同。

例如，设有下面的数组：

```
Dim A( 10) As Integer       '声明了一个具有 11 个元素的一维数组，下标从 0 开始
Dim B(1 to 10) As Integer   '声明了一个具有 10 个元素的一维数组，下标从 1 开始
```

数组必须先声明后使用，下标可以使用变量或表达式。

下面的语句是正确的：

```
A(i)= B(i) + B(i+1)
```

以下数组声明是错误的：

```
n = 10
Dim x(n) As Single
```

静态数组声明中的下标不能是变量，只能是常量。

② 在 VB 中，如果没有给各数组元素赋值，则默认为 0，也可以通过 For 循环给各个数组元素赋初值，例如：

```
Option base 1        '在窗体级或标准模块级重新设定数组的下界
Dim A(10) As Integer
For i=1 To 10        '给 A 数组的每个数组元素赋值为 0
  A(i) = 0
Next i
```

③ 数组元素的输入。数组元素的输入可通过文本框控件输入，也可通过 InputBox( )函数输入，如例 7.1 中，定义下标从 1 开始。

```
Option base 1
Dim a(10) As Integer
For i=1 To 10
  a(i) = InputBox( "输入第(" & i &")的成绩")
Next i
```

3. 一维数组的应用

假设定义一个一维数组：Dim a（1 to 10）As Integer，下面是对数组的一些基本操作的程序段。

（1）可以通过循环给数组元素输入数据

```
for i=1 to 10
  a(i)=i
next i
```

（2）求数组中最大元素及其下标

```
Max=a(1)
P=1
For i=2 to 10
If a(i)>max then
   Max=a(i)
   P=i
Endif
Next i
Print "数组第"& p &"个元素最大值为"& max
```

（3）交换数组中各元素（逆置）

交换的要求是将数组第 1 个元素与最后一个互换，第 2 个元素与倒数第 2 个互换，依此类推，结果如图 7-1 所示。这实际上是找下标之间的规律，在数组操作时经常使用。

```
For i=1 to 10\2
  t=a(i):a(i)=a(10-i+1):a(10-i+1)=t
```

```
Next i
```

交换前：

| 2 | 4 | 6 | 8 | 10 | 1 | 3 | 5 | 7 | 9 |

交换后：

| 9 | 7 | 5 | 3 | 1 | 10 | 8 | 6 | 4 | 2 |

图 7-1　数组中各元素交换

4. 举例

【例 7-1】随机产生 10 个 0～100 的整数放在一维数组中，然后求个元素之和、平均值，将比平均值大的各元素的值打印出来，最后找出数组中的最大值及其元素下标并打印。运行结果如图 7-2 所示。

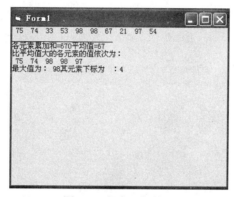

图 7-2　程序运行结果

程序如下：

```
Private Sub Form_Click()
Dim Sum, Average, Max, Xb, a(9) As Integer
Randomize
For i=0 To 9
  a(i) = Int(Rnd * 90 + 10)
  Sum = Sum + a(i)
  Print a(i);
Next i
Print
Print "_____"
Average = Sum / 10
Print "各元素累加和="& Sum &"平均值=" & Average
Print "比平均值大的各元素的值依次为: "
For i=0 To 9
  If a(i) > Average Then Print a(i);
Next i
Print
Max = a(0): Xb = 0
```

```
For i = 1 To 9
   If a(i) > Max Then
      Max = a(i): Xb = i
      Print "最大值为" & Max & "其元素下标为" & Xb
   End If
Next i
End Sub
```

【例7-2】统计 0～9、10～19、20～29、…、80～89、90～99 分数段及 100 分学生的人数。

分析：可用数组 bn 来存储各分数段人数，如用 bn（0）存储 0～9 分人数，bn（1）存储 10～19 分人数，bn（9）存储 90～99 分人数，bn（10）存储 100 分人数。

代码如下：

```
Const  NUM=50
Private Sub Form_Click()
Dim a(NUM) As Integer, i as Integer
Dim bn(0 to 10) As Integer, k as Integer
For i=1 to NUM
    a(i)=InputBox("输入第（"& i & "）学生成绩")
    print a(i);
    k=int(a(i)/10)
    bn(k)=bn(k)+1
next i
print
for i=0 to 9
    print (i*10) & "-"& (i*10+9) & "的学生人数: " & bn(i)
next i
print  tab(10);"100 学生人数: "& bn(i)
End Sub
```

【例7-3】输入 10 个数，分别用冒泡法和选择法使其按升序排序。

（1）冒泡法排序

基本思想：将相邻的两个数比较，小的交换到前头。

① 有 n 个数，第一轮将相邻两个数比较，小的调到前头，经过 n-1 次两两相邻比较后，最大的数已"沉底"，放在最后一个位置。

② 第二轮对剩下的 n-1 个数按上述方法比较，经过 n-2 次相邻比较后得次大的数。

③ 依此类推，n 个数共进行了 n-1 轮比较，在第 j 轮中要进行 n-j 次两两比较。

冒泡法排序的过程：

假设有五个数，分别为　　9，3，8，6，2

第一轮排序过后：　　　　3，8，6，2，9　　　'9 为最大的数，将剩下的数两两比较，选出最大的数

第二轮排序过后：　　　　3，6，2，8　　　　'8 为这一轮最大的数

第三轮排序过后：　　　　3，2，6　　　　　'6 为这一轮最大的数

第四轮排序过后：　　　　2，3　　　　　　　　'3 为这一轮最大的数

冒泡法排序的程序段如下：

```
For i=1 to n-1
  For j=1 to n-i
    If a(j)>a(j+1)  then
      t=a(j)
      a(j)=a(j+1)
      a(j+1)=t
    end if
  next j
next i
```

（2）选择法排序

基本思想：

① 对有 n 个数的序列（存放在数组 a（n）中），从中选出最小的数，与第 1 个数交换位置。

② 除第 1 个数外，从其余 n−1 个数中选最小的数，与第 2 个数交换位置。

③ 依此类推，选择了 n−i 次后，这个数列已按升序排列。

选择法排序的过程：

假设有五个数，分别为　　　9，2，3，6，8

第一轮比较过后：　　　　2，9，3，6，8　　'得到第 1 个数 a（1）为 2，
　　　　　　　　　　　　　　　　　　　　再将剩余的数中最小的数与第 1 个数交换

第二轮比较过后：　　　　3，9，6，8　　'a（2）=3

第三轮比较过后：　　　　6，9，8　　　'a（3）=4

第四轮比较过后：　　　　8，9　　　　'a（4）=8

显然，就冒泡法而言，选择法排序算法简单、易懂、容易实现，但该算法不适用于 n 较大的情况。

选择法排序的程序段如下：

```
For i= 1 TO n - 1
  P=i
  For j = i+1 TO n
    If a(j)<a(p) Then p = j
  Next j
  t = a(i)
  a(i) =a(p)
  a(p)=t
Next i
```

7.2.2　二维数组

在声明数组时，若有两个下标，则该数组为二维数组。二维数组用来处理二维表格、数学中的矩阵等问题。

1. 二维数组的声明

二维数组的声明形式为：

```
Dim 数组名（[<下界>]to<上界>，[<下界>to]<上界>）[as<数据类型>]
```

说明：

每一维的大小=上界−下界+1，数组的大小为每一维大小的乘积。

例如：

```
Dim a(2,3) as integer
```

声明了 3 行 4 列的二维数组 a，数组 a 共有 12 个数组元素，数组中的每个元素及在内存中的存放顺序见表 7-1。

表 7-1　数组元素组成及存放顺序

a（0，0）	a（0，1）	a（0，2）	a（0，3）
a（1，0）	a（1，1）	a（1，2）	a（1，3）
a（2，0）	a（2，1）	a（2，2）	a（2，3）

2. 二维数组元素的引用

与一维数组一样，二维数组也必须要先声明后使用。其引用形式为：

```
数组名（下标 1，下标 2）
```

例如：

```
a(2,3)=10              '将二维数组中第 3 行第 4 列的元素赋值为 10
a(I,j)= a(i+1,j+1)+1   '数组元素的引用，下标可以使用常量、变量和表达式
```

3. 二维数组的应用

在利用二维数组编写程序时，通常与双重 For 循环结合使用，每重 For 循环中的循环变量分别作为数组元素的两个下标，通过循环变量的不断改变，达到对二维数组中每个数组元素依次进行处理的目的。

例如，设有下面的定义：

```
Const N=4,M=5,L=6
Dim a(1 to N,1 to M) As Integer, i As Integer, j As Integer
```

（1）给二维数组 a 输入数据

```
For i=1 to 4
  For j=1 to 5
    a(i,j)=InputBox("输入元素 a("& i &", "& j &")=?")
  Next j
Next i
```

（2）求二维数组中最大元素及其所在的行和列

变量 max 存放最大值，row、col 存放最大值所在的行号及列号。

```
Max=a(1,1): row=1: col=1
For i=1 to N
```

```
    For j=1 to M
      If a(i,j)>Max then
          Max=a(i,j): row=i: col=j
      Endif
    Next j
  Next i
  Print  "最大的元素是: ";Max
  Print  "最大的元素所在的行是: ";row,"最大的元素所在的列是: ";col
```

（3）计算两矩阵相乘

设矩阵 A 有 M*L 个元素，矩阵 B 有 L*N 个元素，则矩阵 C=A*B，有 M*N 个元素。

```
For i=1 to M
  For j=1 to N
    C(i,j)=0
    For k=1 to L
      c(i,j)=c(i,j)+a(i,k)*b(k,j)
    Next k
  Next j
Next i
```

（4）矩阵的转置

设 A 是 M*N 的矩阵，将其转置后将得到一个 N*M 的二维数组 B。

```
For i=1 to M
  For j= 1 to N
    B(j,i)=a(i,j)
  Next j
Next i
```

4. 举例

【例 7-4】根据数据显示规律，打印出如图 7-3 所示的下三角图形。

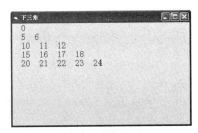

图 7-3　下三角图形

程序代码如下：

```
Dim a(4, 4) As Integer
For i = 0 To 4
  For j = 0 To i
```

```
        a(i, j) = i * 5 + j
           Print "  " & a(i, j);
        Next j
        Print
     Next i
```

【例 7-5】输出如图 7-4 所示的杨辉三角形。

分析：杨辉三角形的特点是：它的第一列和对角线上的数全是 1，其他数为它上一行前一列和上一行同一列数的和。因此定义一个二维数组 a(N,N)，其 a(i,1)=1,a(i,i)=1。该数组的特点为：a(i,j)=a(i-1,j-1)+a(i-1,j)。

1						
1	1					
1	2	1				
1	3	3	1			
1	4	6	4	1		
1	5	10	10	5	1	
1	6	15	20	15	6	1

图 7-4　杨辉三角形

程序代码如下：

```
Const N=7
Dim a(N,N) As Integer,i As Integer,j As Integer
Private Sub Form_Load( )
For i=1 to N
   a(i,1)=1
   a(i,i)=1
Next i

For i=3 to N
  For j=2 to N
    a(i,j)=a(i-1,j-1)+a(i-1,j)
  next j
next i
End Sub


Private Sub Command1_Click( )          '直角三角形
Cls
For i=1 to n
  For j=1 to i
Print tab(4*j);a(i,j);
  Next j
```

```
Next i
End Sub
Private Sub Command2_Click()          '等腰三角形
Cls
For i = 1 To N
  For j = 1 To i
Print Tab((N - i) * 2 + 1 + (j - 1) * 4); a(i, j);
  Next j
Next i
End Sub
```

【例 7-6】 设某个班共有 60 个学生，期末考试 5 门课程，编程评定学生的奖学金，要求打印输出一、二等奖学金学生的学号和各门课成绩。（奖学金评定标准是：总成绩超过全班平均成绩 20%发一等奖学金，超过全班平均成绩 10%发二等奖学金）

分析：可以定义一个存放学生成绩的二维数组，第一维表示某个学生，第二维表示该学生的某门课成绩，第二维定义比实际课程数多一个，即最后一列存放该学生的总成绩。

程序代码如下：

```
Option Base 1
Const NUM=60,KCN=5
Private Sub Form_Click()
Dim x( NUM,KCN+1) As Single
Dim i%,j%,k%,sum!,tt!,ver!
tt=0
For i=1 to NUM
    Sum=0
    For j=1 to KCN
      x(i,j)=val(InputBox("输入第"& i & "位学生的第"& j & "门课程成绩"))
      sum=sum+x(i,j)
    next j
    x(i,KCN+1)=sum
    tt=tt+x(i,KCN+1)
next i
ver=tt/NUM
print "学 号 "& KCN & "考试课程成绩      奖学金等级"

For i=1 to NUM
    If x( i,KCN+1)>1.2*ver then
      Print i;
      For j=1 to KCN
Print " "; x(i,j);
      Next j
      Print "一等奖学金"
```

```
    End if
Next i
For i=1 to NUM
  If x( i,KCN+1)>=1.1*ver and x(i,KCN+1)<1.2*ver then
    Print i;
    For j=1 to KCN
Print " "; x(i,j);
    Next j
    Print "二等奖学金"
  End if
Next i
End Sub
```

7.2.3 多维数组

通常把三维及三维以上的数组称为多维数组，在处理三维空间问题等其他复杂问题时，要用到多维数组。

多维数组的声明形式为：

Dim 数组名（[<下界>]to<上界>，[<下界>to]<上界>，···）[as<数据类型>]

例如：

```
Dim a(5,5,5) As Integer        '声明 a 是三维数组
Dim b(2,3,4,5) As Integer      '声明 b 是四维数组
```

说明：

① 下标个数决定了数组的维数，在 VB 中最多允许有 60 维数组。

② 多维数组的元素个数是所有维的下标取值个数的乘积。

注意：

由于数组在内存中占据一片连续的存储空间，如果多维数组下标声明太大，可能造成大量存储空间浪费，从而影响程序执行速度。

有了二维数组的基础，再掌握多维数组是不困难的。由于多维数组较少使用，所以本书不多讲。

7.3 动 态 数 组

静态数组在定义时，数组大小必须确定。但在实际使用中，有时无法事先确定所需数组大小、维数，常常在程序运行时，需根据用户的操作或某一些操作结束后才能确定，这就要用到动态数组。

7.3.1 动态数组的建立及使用

建立动态数组一般包括声明和确定大小两步：

① 用 Public、Static 或 Dim 语句声明括号内为空的数组。

格式：Dim 数组名( )［As＜数据类型＞］

② 在过程中用 ReDim 语句指明该数组大小。

格式：

```
ReDim [Preserve] 数组名（下标1[，下标2…]）
```

例如：

```
Dim a( ) As Integer      '先定义一个数组名为a，括号内为空的数组
ReDim a(5)               '利用 ReDim 指明数组有 6 个元素
ReDim Preserve a(6)      '定义数组有 7 个元素
```

说明：

① ReDim 语句是一个可执行语句，只能出现在过程中，并且可以多次使用，改变数组的维数和大小。

② 定长数组声明中的下标只能是常量，而动态数组 ReDim 语句中的下标是常量，也可以是有了确定值的变量。

例如：

```
Private Sub Form_Click( )
  Dim N As Integer
  N=Val(InputBox("输入 N=? "))
  Dim a(N) As Integer
  …
End sub
```

③ 在过程中可以多次使用 ReDim 来改变数组的大小，也可改变数组的维数。

例如：

```
ReDim x(10)
ReDim x(20)
x(20) = 30
Print x(20)
ReDim x(20, 5)
x(20, 5) = 10
Print x(20, 5)
```

④ 每次使用 ReDim 语句都会使原来数组中的值丢失，可用 Preserve 参数（可选）保留数组中原有数据。但如果使用了 Preserve 关键字，就只能改变数组最末维数大小，不能改变数组的维数。

【例 7-7】数组元素的删除。删除数组元素 13，使得删除操作后的数组还是有序的。如图 7-5 所示。

删除前：

1	4	7	10	13	16	19	22	25	28

删除后：

1	4	7	10	16	19	22	25	28

图 7-5　数组元素的删除

程序代码如下：

```
Dim a( ) As Integer
ReDim a(1 to 10)
For i=1 to 10
  a(i)=(i-1)*3+1
  print a(i);
next i
print
print "删除 13"
for k=1 to 10          '查找 13 在数组中的下标
  if a(k)=13 then exit for
next k
for i=k+1 to 10        '元素 13 后面的元素依次向左移
  a(i-1)=a(i)
next i
ReDim Preserve a(1 to 9)
For i=1 to 9
  Print a(i);
Next i
```

7.3.2 与数组操作有关的几个函数

1. Array 函数

Array 函数可方便地对数组整体赋值，但它只能给声明 Variant 的变量或仅由括号括起的动态数组赋值。赋值后的数组大小由赋值的个数决定。

例如，要将 1，2，3，4，5，6，7 这些值赋给数组 a，可使用下面的方法。

```
Dim a( )
a=Array(1,2,3,4,5,6,7)
```

或

```
Dim a
a=Array(1,2,3,4,5,6,7)    '使用 Array 函数给 Variant 变量赋值，a 有 7 个数组元素
```

2. 求数组的上界 Ubound( )函数、下界 Lbound( )函数

Ubound( )函数和 Lbound( )函数分别用来确定数组某一维的上界和下界值。

使用格式如下：

```
Ubound(<数组名>[, <N>])
Lbound(<数组名>[, <N>])
```

说明：

<数组名>是必需的。<N>可选；一般是整型常量或变量，指定返回哪一维的上界。

例如：

```
Dim a( ) As Variant, b( ) As Variant, i%
a = Array(1, 2, 3, 4, 5)
ReDim b(Ubound(a))
b = a
```

等价于如下语句：

```
For i = 0 To Ubound(a)
    b(i) = a(i)
Next i
```

3. Split 函数

使用格式：

```
Split(<字符串表达式> [,<分隔符>])
```

说明：

使用 Split 函数可从一个字符串中，以某个指定符号为分隔符，分离若干个子字符串，建立一个下标从零开始的一维数组。

例如：

```
Dim x, s$
    s = "a,b,c,d,e"
    x = Split(s, ",")
    For i = 0 To Ubound(x)
        Print x(i)
    Next i
```

7.4　控　件　数　组

7.4.1　控件数组的概念

如果在应用程序中用到一些类型相同且功能类似的控件，就可以将这些控件定义为一个数组来使用，这种数组就是控件数组。控件数组是由一组相同类型的控件组成的。它们共用一个控件名，具有相同的属性、方法和事件。每个控件具有唯一的索引号（Index），通过属性窗口的 Index 属性，可以知道该控件的下标是多少，第 1 个下标是 0。例如，控件数组 Command1（3）表示控件数组名为 Command1 的第 4 个元素。

控件数组具有以下特点：

① 相同的控件名称（即 Name 属性）。

② 控件数组中的控件具有相同的一般属性。

③ 所有控件共用相同的事件过程。

一个控件数组至少包含一个元素，最多可达 32 768 个，Index 属性值不能超过 32 767。

7.4.2　控件数组的建立

控件数组的建立有以下两种方法：

方法一：在设计时建立。

建立的步骤如下：

① 在窗体上画出某控件，可进行控件名的属性设置，这是建立的第一个元素。

② 选中该控件，进行"复制"和"粘贴"操作，系统会出现如图7-6所示提示，单击"是"按钮后，就建立了一个控件数组，进行若干次"粘贴"操作，就建立了所需元素个数的控件数组。

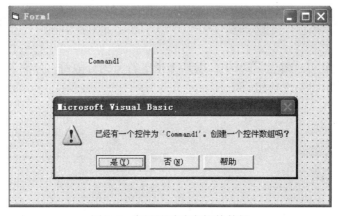

图7-6　在设计时建立控件数组

③ 进行事件过程的编码设计。

【例7-8】建立含有四个命令按钮的控件数组，当单击某个命令按钮，可以对标签的字体进行相应的设置，程序界面如图7-7所示。

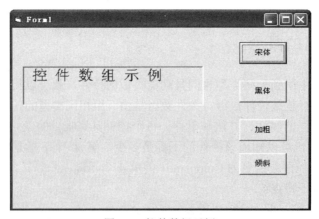

图7-7　控件数组示例

方法二：在运行时添加控件数组。

建立的步骤如下：

① 在窗体上画出某控件，设置该控件的 Index 值为 0，表示该控件为数组；也可进行控

件名的属性设置，这是建立的第一个元素。

② 在编程时，通过 Load 方法添加其余的若干个元素，也可以通过 Unload 方法删除某个添加的元素。

③ 每个新添加的控件数组通过设置 left 和 top 属性，确定其在窗体的位置，并将 Visible 属性设置为 True。

【例 7-9】利用在运行时产生控件数组，构成一个国际象棋棋盘。要求：

① 在窗体上创建一个 label1 控件，然后在 label1 控件中建立控件数组的第一个标签控件 Label1，将 Index 属性值设置为 0。

② 在运行时采用为标签控件数组添加成员的方法，在窗体中形成国际象棋的棋盘。国际象棋共有 64 格，一个 Label1 控件数组的成员相当于一格。Label1 控件数组的其他 63 个成员在程序运行时由 Load 事件产生。设计时控件的位置任意，运行时再由程序调整。

③ 棋盘由黑白相间，若单击某个棋格，改变各棋格的颜色，即黑变白，白变黑，并在单击的棋格处显示其序号。

程序执行步骤：

① 在窗口画一个标签，名称为 label1，更改相关属性，如图 7-8 所示。

② 程序运行后，程序界面如图 7-9 所示。

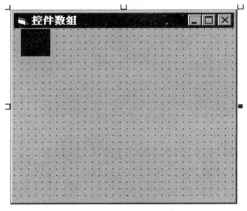

图 7-8　添加标签 label1

图 7-9　程序运行结果

程序代码如下所示：

```
Private Sub Form_Load( )            '在运行时通过 left、top 属性来添加控件数组
Dim mtop As Integer, mleft As Integer, i As Integer, j As Integer, k As Integer
mtop = 0
For i = 1 To 8
  mleft = 50
  For j = 1 To 8
    k = (i - 1) * 8 + j
    Load Label1(k)
    Label1(k).BackColor = IIf((i + j) Mod 2 = 0, QBColor(0), QBColor(15))
    Label1(k).Visible = True
    Label1(k).Top = mtop
```

```
    Label1(k).Left = mleft
    mleft = mleft + Label1(0).Width
  Next j
  mtop = mtop + Label1(0).Height
Next i
End Sub
Private Sub Label1_Click(Index As Integer)        '单击标签，让标签颜色改变
Label1(Index) = Index
For i = 1 To 8
  For j = 1 To 8
    k = (i - 1) * 8 + j
    If Label1(k).BackColor = &H0 Then
      Label1(k).BackColor = &HFFFFFF
    Else
      Label1(k).BackColor = &H0
    End If
  Next j
Next i
End Sub
```

● 习 题 7

一、选择题

1. 如下数组声明语句，正确的是（　　）。

A. Dim a〔3,4〕As Integer　　　　　　B. Dim a（3,4）As Integer

C. Dim a（n,n）As Integer　　　　　　D. Dim a!（3,4）As Integer

2. 要分配存放如下方阵的数据：

1.1　2.2　3.3

4.4　5.5　6.6

7.7　8.8　9.9

数组声明语句能实现（不能浪费空间）的是（　　）。

A. Dim a（9）As Single　　　　　　　　B. Dim a（3，3）As Single

C. Dim a（−1 To 1，−5 To −3）As Single　D. Dim a（−3 To 1，−5 To 7）As Integer

3. 如下数组声明语句：Dim a（3,−2 To 2,5），则数组 a 包含的元素的个数为（　　）。

A. 120　　　　　　B. 75　　　　　　　C. 60　　　　　　　D. 13

4. 以下程序

```
Dim a
a=Array(1,2,3,4,5,6,7)
For i=Lbound (a) To Ubound (a)
    a(i)=a(i)*a(i)
Next i
```

```
Print a(i)
```

输出的结果是（　　　）。

A. 49　　　　　　　B. 0　　　　　　　C. 不确定　　　　　D. 程序出错

5. 有如下程序代码，输出的结果是（　　　）。

```
Dim a( )
a=Array(1,2,3,4,5)
For i=Lbound(A) to Ubound(A)
  print a(i);
next i
```

A. 1 2 3 4 5　　　　B. 0 1 2 3 4　　　　C. 5 4 3 2 1　　　　D. 4 3 2 1 0

6. 下列有关控件数组与一般控件的区别的叙述中，最合理的是（　　　）。

A. 控件数组一定由多个同类型的控件组成，一般控件只有一个控件

B. 控件数组的 Index 为 0，而一般控件的 Index 为空

C. 控件数组的 Index 为 1，而一般控件的 Index 为 0

D. 控件数组的建立通过 Dim 语句声明，而一般控件不必声明

7. 在窗体上画一个命令按钮（其 Name 属性为 Command1），然后编写如下代码：

```
Option Base 1
Private Sub Command1_Click( )
  Dim a
  s=0
  a=Array(1,2,3,4)
  j=1
  For i=4 To 1 Step -1
    s=s+a(i)*j
    j=j*10
Next i
Print s
End Sub
```

运行上面的程序，单击命令按钮，其输出结果是（　　　）。

A. 4321　　　　　　B. 1234　　　　　　C. 34　　　　　　　D. 12

8. 执行以下 Command1 的 Click 事件过程在窗体上显示（　　　）。

```
Option Base 0
Private Sub Command1_Click()
Dim a
a=Array("a","b","c","d","e","f","g")
Print a(1);a(3);a(5)
End Sub
```

A. abc　　　　　　　B. bdf　　　　　　　C. ace　　　　　　　D. 无法输出结果

9. 在窗体上画一个名称为 Command1 的命令按钮，然后编写如下事件过程：

```
Option Base 1
```

```
Private Sub Command1_Click( )
Dim a
a = Array(1, 2, 3, 4, 5)
For i = 1 To Ubound(a)
    a(i) = a(i) + i-1
Next i
Print a(3)
End Sub
```

程序运行后，单击命令按钮，则在窗体上显示的内容是（　　　　）。

A. 4　　　　　　　　　B. 5　　　　　　　　　C. 6　　　　　　　　　D. 7

10. 下面叙述中不正确的是（　　　　）。

A. 自定义类型只能在窗体模块的通用声明段进行声明

B. 自定义类型中的元素类型可以是系统提供的基本数据类型或已声明的自定义类型

C. 在窗体模块中定义自定义类型时，必须使用 Private 关键字

D. 自定义类型必须在窗体模块或标准模块的通用声明段进行声明

二、填空题

1. 下列程序执行后的输出结果是_____。

```
Option base 1
Dim a
a=Array(1,2,3,4)
j=1
For i=4 to 1 step -1
    s=s+a(i)*j
    j=j*10
Next i
Print s
```

2. 下列程序执行后的输出结果是_____。

```
Option base 1
Dim a(10),p%(3)
K=5
For i=1 to 10
    A(i)=i
Next i
For i=1 to 3
    P(i)=a(i*i)
Next i
For i=1 to 3
    K=k+p(i)*2
Next i
Print k
```

3. 下列程序执行后的输出结果是＿＿＿＿＿＿。

```
Option base 0
Dim a
Dim i%
a=Array(1,2,3,4,5,6,7,8,9)
For i=0 to 3
  Print a(5-i);
Next
```

4. 下列程序执行后的输出结果是＿＿＿＿＿＿。

```
Option base 1
Dim a(4,4)
For i=1 to 4
  For j=1 to 4
  A(i,j)=(i-1)*3+j
  Next j
Next i
For i=3 to 4
  For j=3 to 4
Print a(j,i);
  Next j
  Print
Next i
```

5. 有如下程序：

```
Option Base 1
Private Sub form_click( )
 Dim a(3, 3)
 For j = 1 To 3
  For k = 1 To 3
   If j = k Then a(j, k) = 1
   If j < k Then a(j, k) = 2
   If j > k Then a(j, k) = 3
  Next k
 Next j
 For I = 1 To 3
  For j = 1 To 3
   Print a(I, j);
  Next j
  Print
Next I
End Sub
```

程序运行时输出的结果是_____。

6. 有如下程序：

```
Option Explicit
Option Base 1
Dim a( ) As Integer
Private Sub form_click( )
 Dim i As Integer, j As Integer
 ReDim a(3, 2)
 For i = 1 To 3
  For j = 1 To 2
   a(i, j) = i * 2 + j
   Print "a("; i; ","; j; ")="; a(i,j);
  Next j
  Print
 Next i
End Sub
```

该程序的输出结果是_____。

三、判断题

指出下面数组说明语句哪些是正确的，哪些是错误的。正确地指出数组元素的个数和类型，错误的指出原因。

（1）Dim a（10）As Integer

（2）Dim b（−10）As Double

（3）Dim c（8，3）As Byte

（4）Dim d（−10 to−1）As Boolean

（5）Dim e（−99 to−5，−3 to 0）

（6）Dim f（10，−10）As Single

（7）Dim g（100 to 100，100）As String

（8）Dim x（5）As Integer：Redim x（10）As Integer

（9）Dim y（ ）：Redim y

四、程序设计题

1. 用随机函数生成有 n（n>=10）个数值元素的一维数组，求出这个数组中元素的最大值、最小值和它们的平均值。

2. 求 Fibonacci 数列的前 40 个数。这个数列有如下特点：第 1，2 两个数为 1，1，从第 3 个数开始，该数是其前面两个数之和。即

```
F1=1    (n=1)
F2=1    (n=2)
Fn=-Fn-1+Fn-2 (n≥3)
```

这是一个有趣的古典数学问题：有一对兔子，从出生后第 3 个月起每个月都生一对兔子，

小兔子长到第 3 个月后每个月又生一对兔子。假设所有兔子都不死，问每个月的兔子总数为多少？可以看到每个月的兔子总数依次为 1，1，2，3，5，8，13，…。这就是 Fibonacci 数列。

3. 用数组保存随机产生的 10 个介于 20～50 的整数，求其中的最大数、最小数和平均值，然后将 10 个随机数和其最大数、最小数及平均值显示在窗体上。

4. 有 3×4 矩阵 A，求其中值最大值和最小值，以及它们所在的行号和列号。其中，

$$A = \begin{bmatrix} 1 & 4 & 7 & 2 \\ 9 & 7 & 6 & 8 \\ 0 & 5 & 3 & 7 \end{bmatrix}。$$

5. 自定义一个职工数据类型，包含职工号、姓名和工资。声明一个职工类型的动态数组。输入 n 个职工的数据，要求按工资递增的顺序排序，并显示排序的结果，每个职工一行显示三项信息。

6. 有一个已排好序的数组，从键盘上输入一个数，要求按原来排序的规律将它插入数组中。

第8章

过 程

在设计一个规模较大，功能较复杂的程序时，可以将程序分割成一些较小的、完成一定任务的、相对独立的程序段，以简化程序设计，这些部件称为过程。

Visual Basic 6.0 中过程有两大类：内部过程和外部过程。内部过程是系统提供的，不需要用户编写，例如内部函数属于内部过程。外部过程是用户根据需要定义的，供系统调用的程序段。外部过程又可以分为子过程、函数过程和事件过程。过程可以简化重复任务或共享任务。使用过程编程有以下两个好处：

① 过程可使程序划分成离散的逻辑单元，每个单元都比无过程的整个程序容易调试。

② 一个程序中的过程，往往不必修改或只需稍做改动，便可以在另一个程序中使用，有利于代码共享。

在 VB 中，根据应用的要求，可分为以下几种类型的自定义过程：

① 以"Sub"保留字开始的子过程：不返回值。

② 以"Function"保留字开始的函数过程：返回值。

③ 以"Property"保留字开始的即属性过程，用于为对象添加属性。

④ 以"Event"保留字开始的事件过程，用于为对象添加可以识别的事件。

在 Visual Basic 中，用户一般可以编写 Sub 子过程和 Function 函数过程。

8.1 Sub 过程

当编写的过程不需要返回值时，可用 Sub 过程实现。

8.1.1 Sub 子过程的定义

定义子程序过程有两种方法：一种是使用"添加过程"对话框创建；另一种是直接在代码窗口中输入过程代码。

1. 使用"添加过程"对话框创建

具体步骤如下：

① 让当前工作状态处于模块代码窗口。

② 单击系统菜单"工具"→"添加过程"，即可打开"添加过程"对话框，如图 8-1 所示。

③ 在"名称"后面输入过程名。

④ 选择类型为子程序。

⑤ 根据需求选择范围是公有还是私有。

⑥ 单击"所有本地变量为静态变量"，则会在过程说明之前加上 Static 说明符。

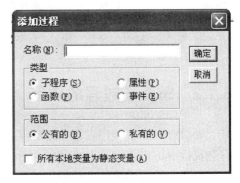

图 8-1 添加过程对话框

2. 直接在代码窗口中定义

在窗体或标准模块的代码窗口中，按以下格式输入 Sub 过程相应代码：

```
[Private|Public ] [Static] Sub 过程名 [(参数表列)]
   语句块
   [Exit Sub]
   语句块
End Sub
```

说明：

① 一个 Sub 过程以 Sub 开头，以 End Sub 结束，在 Sub 和 End Sub 之间是描述操作过程的语句块，称为"过程体"或"子程序体"。End Sub 标志着 Sub 过程的结尾。当程序执行到 End Sub 时，将退出该过程，并返回到主调过程中。

② Private：表示该 Sub 过程是私有过程，即它只能被本模块中的其他过程调用（使用），而不能被其他模块中的过程调用。

③ Public：表示该 Sub 过程是公有过程，即它可被项目中的所有过程和模块调用。

④ Static：在过程中定义的局部变量均为静态变量，当程序退出该过程时，局部变量的值仍保留作为下次调用的初值。对数组变量也有效，但对动态变量则无论怎么定义，均不可能为静态。

⑤ "参数名"的命名规则同变量名的命名规则，但如果参数是数组，则要在其名称后加一对空的圆括号。

⑥ 参数列表：含有在调用时传送给该过程的简单变量名或数组名，它指明了从调用过程传递给该过程的参数个数和类型，各参数之间用逗号分隔。

⑦ 参数定义格式：

```
[ByVal|ByRef] 变量名 [( )] [AS 数据类型] [,…]
```

ByVal：表示该过程被调用时，参数是按值传递的；默认或 ByRef 表示该过程被调用时，参数是按地址传递的。这里的变量名可以是 Visual Basic 合法的变量名或数组名。如果是数组名，则要在数组名后加一对圆括号。如果"As 数据类型"选项缺省，则默认为 Variant 类型。

⑧ 过程定义内部不能再定义其他过程，但可以调用其他合法的过程。

【例 8-1】编写一个交换两个整型变量值的 Sub 过程。

```
Private Sub swap (a As Integer, b As Integer)
```

```
   Dim t As Integer
      t=a; a=b; b=t;
End Sub
```

8.1.2 Sub 子过程的调用

要执行一个子程序过程，必须要调用该过程。通过调用引起过程的执行。每次调用过程都会执行 Sub 和 End Sub 之间的程序段。当程序遇到 End Sub 时，将退出过程，并立即返回到调用语句的后续语句。子程序过程的调用有两种方法。

1. 使用 Call 语句

格式：Call［窗体名.|模块名.］过程名［（实际参数列表）］

例如：Call swap(m,n)或 Call Form1.swap(m,n)

2. 直接使用过程名

格式：［窗体名.|模块名.］过程名［实际参数列表］

例如：swap m,n　或　Form1.swap m,n

说明：

① 格式中的"过程名"必须是程序中已定义的 Sub 过程名，它是被调过程，如果被调过程在定义时本身没有参数，则此处的"实际参数"可省略，否则应在括号内写出相应于该过程的实际参数。实际参数必须有确定的值，各参数值之间用逗号隔开，实际参数的个数、位置、类型要分别与定义 Sub 过程时的形式参数的个数、位置、类型一一对应。

② 第 2 种调用方式与第 1 种相比，结果一样，只是去掉 Call 和一对括号。

下面举例来说明子过程的定义与使用。

【例 8-2】调用前面的交换两个整数的 Sub 过程。

```
Private Sub Command1_Click( )
   Dim first As Integer, second As Integer
   first = val(InputBox("请输入第一个整数"))
   second= val(InputBox("请输入第二个整数"))
   print "交换前 first="; first, "交换前 second="; second
   swap first, second
print "交换后 first="; first, "交换后 second="; second
End Sub
 Private Sub swap (a As Integer, b As Integer)
   Dim t As Integer
   t=a: a=b: b=t
 End Sub
```

【例 8-3】在窗体模块中编写一个能计算任何一个正整数阶乘的通用过程，程序中每输入一个整数值，就会去调用该通用过程计算其阶乘。控件界面如图 8-2 所示。

图 8-2　求 N 的阶乘

程序如下：

```
Option Explicit
Public Sub n(a As Integer)          '定义求 N!的子过程
   Dim I As Integer
   Dim f As Long
   f = 1
   For I = 1 To a
      f = f * i
   Next i
Label1.Caption = Str(f)
End Sub
'调用子过程
Private Sub Command1_Click( )
   Call n(Val(Text1))
End Sub
```

【例 8-4】用子过程求最大公约数和最小公倍数。控件界面如图 8-3 所示。

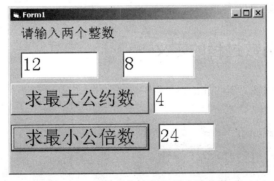

图 8-3　求最大公约数和最小公倍数

程序如下：

```
Option Explicit
Dim x As Integer, y As Integer, t As Integer, r As Integer
```

```
Public Sub gcd(x As Integer, y As Integer)        '定义求最大公约数的子过程
   If x < y Then
     t = x
     x = y
     y = t
   End If
   r = x Mod y
   Do While r <> 0
     x = y
     y = r
     r = x Mod y
   Loop
   Text3 = y
End Sub
Private Sub Command1_Click( )                 '调用子过程求最大公约数
   Call gcd(Val(Text1), Val(Text2))
End Sub
Private Sub Command2_Click( )                 '求最小公倍数
   Text4 = Val(Text1) * Val(Text2) / Val(Text3)
End Sub
```

8.2　Function 过程

Visual Basic 函数分为内部函数和外部函数。内部函数是系统预先编好的，能完成特定功能的一段程序，如 Int、Sin、Sqr 等。在编写程序时，只需写出一个函数名并给定参数就能得到相应的函数值。当在编写程序过程中需要多次用到某一公式或处理某一函数关系，而又没有现成的内部函数可以使用时，就可以定义自己的外部函数。外部函数过程与内部函数过程一样，可以在程序或函数中嵌套使用。

8.2.1　Function 函数过程的定义

函数过程是用户根据需要用 Function 关键字定义的函数过程，与 Sub 过程不同的是，函数过程返回一个值。

定义函数过程的形式如下：

```
[Public | Private] [Static] Function 函数过程名(形参列表) [As <类型>]
   变量声明
   语句块
   [Exit Function]
   函数名=表达式
End Function
```

说明：

① 一个 Function 函数过程以 Function 开头，以 End Function 结束，中间部分就是完成该函数功能的语句块，称为函数体。函数体中可含有 Exit Function 语句，该语句用于强制程序退出函数过程。

② As <类型>：指函数返回值的类型，若省略，则函数返回 Variant 类型。

③ 在函数体内，函数名可以当变量名用，函数返回值就是通过对函数名的赋值语句来实现的，即函数值可以通过函数名返回，因此，在函数过程中至少要对函数名赋值一次。

④ 其他与 Sub 过程完全相同。

【例 8-5】编写函数过程，求出一个正整数的阶乘值。

```
Private Function fact(n As Integer) As Long
  Dim i As Integer
  f=1
  for i=1 to n
   f=f*i
  next i
  fact=f
End Function
```

8.2.2　Function 函数过程的调用

与 Sub 过程一样，要执行一个函数过程，必须调用该函数过程，引起函数过程的执行。通常，调用函数过程和调用内部函数过程的方法一样，即通过表达式的方式实现。

调用 Function 过程格式如下：

函数过程名（［参数列表］）

参数列表（称为实参或实元）：必须与形参个数相同，位置与类型一一对应。可以是同类型的常量、变量、表达式。

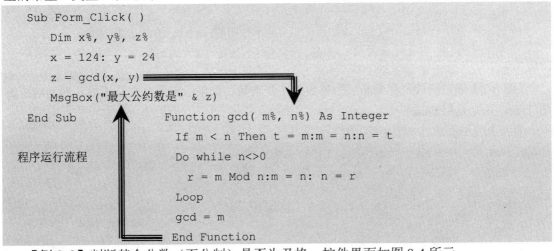

```
Sub Form_Click( )
    Dim x%, y%, z%
    x = 124: y = 24
    z = gcd(x, y)
    MsgBox("最大公约数是" & z)
End Sub                 Function gcd( m%, n%) As Integer
                          If m < n Then t = m:m = n:n = t
程序运行流程               Do while n<>0
                           r = m Mod n:m = n: n = r
                          Loop
                          gcd = m
                        End Function
```

【例 8-6】判断某个分数（百分制）是否为及格，控件界面如图 8-4 所示。

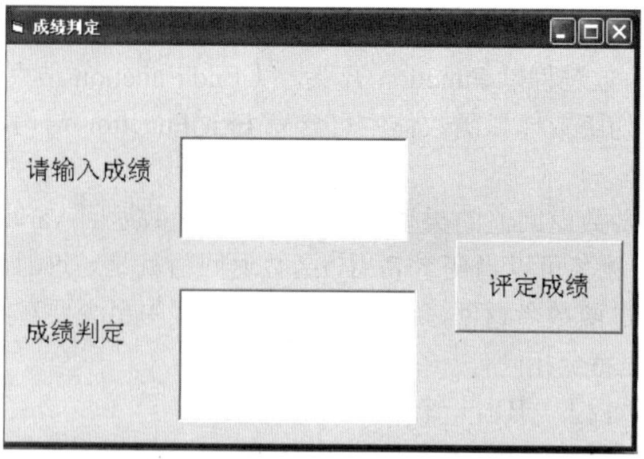

图 8-4　成绩评定

程序如下：

定义一个函数过程 afirm，用于判断分数是否及格，判断后的结果返回为字符串。

```vb
Private Function afirm(cj As Integer) As String
   Select Case cj
    Case Is < 60
      afirm = "不及格"
    Case 60 To 69
      afirm = "及格"
    Case 70 To 79
      afirm = "中"
    Case 80 To 89
      afirm = "良"
    Case Is >= 90
      afirm = "优"
   End Select
End Function
Private Sub Command1_Click( )         '函数的调用在命令按钮的单击事件中
   Text2.Text = afirm(Val(Text1.Text))
End Sub
```

【例 8-7】通过函数过程判断一个整数是不是素数。如果给定的整数是素数，则返回逻辑值 True，否则返回 False。

程序如下：

```vb
Private Function Prime(n As Integer) As Boolean
  Dim k As Integer, Yes As Boolean
  Yes=True
For k=2 to Int(Sqr(n))
   If n mod k=0 then Yes=False : Exit for
  Next k
  Prime=Yes
```

```
End Function
Private Sub Form_Click( )
  Dim n As Integer
  n = InputBox("请输入一个正整数 n ")
  If prime(n) then                    '调用此函数过程
    Print n; "是素数"
    Else
    Print n; "不是素数"
  End If
End Sub
```

8.3 过程间的参数传递

调用过程时的数据传递，其实就是实参和形参结合的过程，实参在调用过程时，将数据传递给对应的形参。

8.3.1 形式参数和实际参数

1. 形式参数

形式参数也可简称为形参，它是指在定义一个过程或函数（即定义 Sub 过程或 Function 过程）时，跟在过程名或函数名右侧括号内的变量名，它们用于接收从外界传递给该过程或函数的数据。

注意：

① 形式参数指明了从调用过程（即外界）传递给该过程的参数的个数和类型，参数表列中可以定义任意多个参数，这由问题的需要来定。当没有参数时，参数表列两端的括号不能省略；而当有两个以上的参数时，各参数之间用逗号分隔。

② 过程的形式参数表类似于变量声明，当还未发生过程调用时，形参无值，只有当发生过程调用时，形参才具有值，其值是由调用处的实参传递过来的。

③ 形参的命名规则同变量名的命名规则，形参可以是变量名，也可以是数组，但如果形参是数组，则要在数组名称后加一对空的圆括号。

2. 实际参数

实际参数是指在调用 Sub 或 Function 过程时，传送给 Sub 或 Function 过程的常量、变量或表达式。实参表可由常量、有效的变量名、表达式、数组名组成，它们必须有确定的值，实参表中各参数间用逗号分隔。实际参数一定处在调用过程中的调用语句处，位于被调过程名的右侧括号内。

在过程调用时，必须先完成"实参列表"与"形参列表"的结合，即把实参传递给形参，参数传递是按实参与形参对应位置进行的，不是按同名的原则进行的，这就要求实参与形参在类型、个数、位置上要一一对应，然后按实参执行调用的过程。

8.3.2 参数传递方式

在 Visual Basic 中,实参与形参的结合有两种方式,按址传递(ByRef)与按值传递(ByVal)。

1. 传址

在形参前加 ByRef 或缺省该关键字，则实参与形参的结合就是按地址传递方式。将实参的地址传递给过程中对应的形参变量，形参得到的是实参的地址，形参值的改变同时也改变实参的值。

2. 传值

在形参前加 ByVal，实参与形参的结合就是按值传递方式。将实参的数值传递给过程中对应的形参变量，形参得到的是实参的值，形参值的改变不会影响实参的值。

下面通过一个例子来说明。

【例 8-8】传址和传值方式的比较。编写交换两个数过程的程序代码 Swap1 和 Swap2。Swap1 按地址传递参数，Swap2 按值传递参数。运行程序，观察它们的区别。

（1）编写两个过程 Swap1 和 Swap2

```
Sub Swap1(x As Integer, y As Integer)
  Dim t As Integer
  t=x : x=y : y=t
End Sub
Sub Swap2(ByVal x As Integer, ByVal y As Integer)
  Dim t As Integer
  t=x : x=y : y=t
End Sub
```

（2）编写两个命令按钮单击事件过程

```
Private Sub Command1_Click( )
  Print "按地址传递"
  Dim a As Integer, b As Integer
  A=10:b=20
  Print "两数交换前:a="; a, "b="; b
  Call Swap1( a, b)
  Print "两数交换后:a="; a, "b=";b
  End sub
Private Sub Command2_Click( )
  Print "按值传递"
  Dim a As Integer, b As Integer
  A=10:b=20
  Print "两数交换前:a="; a, "b="; b
  Call Swap2 (a, b)
  Print "两数交换后:a="; a, "b=";b
```

```
End sub
```

（3）程序运行结果如下：

按地址传递：

两数交换前：a=10　b=20

两数交换后：a=20　b=10

按值传递：

两数交换前：a=10　b=20

两数交换后：a=10　b=20

8.3.3　数组参数的传递

Visual Basic 允许参数是数组，数组只能通过传址的方式进行传递。在传递数组时，还要注意：

① 在实参列表和形参列表中放入数组名，忽略维数的定义，但圆括号不能省略。

② 被调用过程可分别通过 Lbound 和 Ubound 函数确定实参数组的上界和下界。

③ 实参数组和形参数组类型必须一致。实参和形参的结合是按地址传递，即形参数组和实参数组共用一段内存单元。

【例 8-9】定义一个 Sum 子过程，求数组 a 各元素和，并使得数组 a 各元素的值分别加 1。

（1）函数过程

```
Function Sum(x()) As Integer
    Dim i As Integer
        Sum=0
        For i=0 to Ubound(x)
            Sum=sum+x(i)
            x(i)=x(i)+1
        next i
End Function
```

（2）事件过程

```
Private Sub Command1_Click( )
    Dim b( ), s As Integer
    b=Array(1,3,5,7,9)
    print "调用 Sum 过程前数组 b 各元素的值为:"
    for i=0 to Ubound(b)
    print b(i); " ";
    next
    s=sum(b( ))
    print
    print "调用 Sum 过程后数组 b 的各元素和为:";
    print "调用 Sum 过程后数组 b 的各元素值为:"
```

```
    for i=0 to Ubound(b)
    print b(i); " ";
    next i
End Sub
```

（3）程序结果

调用 Sum 过程前数组 b 各元素的值为：

1 3 5 7 9

调用 Sum 过程后数组 b 的各元素和为：25

调用 Sum 过程后数组 b 的各元素值为：

2 4 6 8 10

8.4　过程的嵌套调用和递归调用

8.4.1　过程的嵌套

Visual Basic 的过程定义都是互相平行和相对独立的，也就是说，在定义过程时，一个过程内不能包含另一个过程。虽然不能嵌套定义过程，但可以嵌套调用过程，也就是主程序可以调用子过程，在子过程中还可以调用其他的子过程，这种程序结构称为过程的嵌套。过程的嵌套调用执行过程如图 8-5 所示。

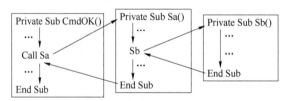

图 8-5　过程的嵌套调用执行过程

8.4.2　过程的递归调用

当嵌套调用过程时，是一个过程调用另一个过程。如果另一个过程就是它本身，即自己调用自己，就叫作过程的递归调用。

例如，求阶乘。

```
n!=n*(n-1)!
(n-1)!=(n-1)*(n-2)!
```

这种用自身的结构来描述自身，就称为递归。

递归调用就是自己调用自己，在这个循环过程中，必须要有结束递归的条件。不加控制的递归通常会引起语法错误——"溢出堆栈空间"。

【例 8-10】用递归的方法求数的阶乘。

（1）定义求阶乘的过程

```
Public Function fact (n As Integer) As Integer
    If n <= 1 Then
        fact = 1
  Else
    fact= n * fact (n - 1)
  End If
End Function
```

（2）调用过程

```
Private Sub Form_Click( )
  Dim n As Integer
  n=Val(InputBox("输入一个1~100的正整数,求阶乘") )
  Print  n;"!="; fact (n)
End Sub
```

8.5　变量和过程的作用域

Visual Basic 的应用程序由若干过程组成，这些过程一般保存在窗体文件（.Frm）或标准模块文件（.Bas）中。变量在过程中是必不可少的。一个变量、过程随所处的位置不同，可被访问的范围不同，变量、过程可被访问的范围称为变量、过程的作用域。

作用域根据被访问的范围，可分为三个层次：过程、模块、全局。其中过程的作用域最小，仅局限于过程内部（针对局部变量）；模块（文件）次之，仅在某个模块或文件内；全局（工程）范围最大，在整个应用工程范围内。

8.5.1　过程的作用域

1. Visual Basic 工程的组成

一个 VB 工程至少包含一个窗体模块，还可以根据需要包含若干个标准模块和类模块。

（1）窗体模块

扩展名为.Frm 的为窗体模块，是在进行界面设计时形成的文件。也可以通过执行"工程"菜单中"添加窗体"命令，为工程添加多个窗体。其通常包含事件过程、自定义过程、函数过程和一些变量、常量、用户自定义类型等内容的声明。

（2）标准模块

标准模块文件的拓展名为.Bas，其中可以包含用户编写的子过程、函数过程和一些变量、常量、用户自定义类型等内容的声明。可以执行"工程"菜单中的"添加模块"命令（如图 8-6 所示），为工程新建或添加已有模块文件（如图 8-7 所示）。一般将常用的子过程、函数过程等写在模块文件中（如图 8-8 所示）。例如，可以把实现与数组操作相关的排序、查找、插入、删除过程放在一个模块文件中，如果以后编程中涉及此类操作，就可以把此模块添加到工程中，从而提高了代码编写效率。

Visual Basic 程序设计

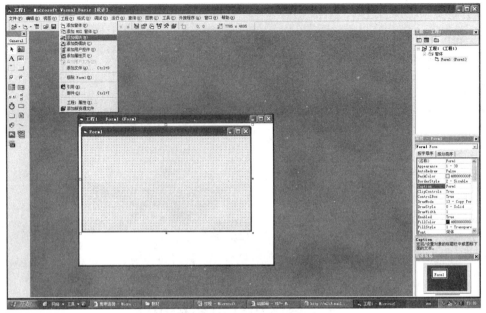

图 8-6 打开"工程"菜单

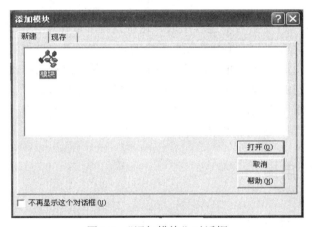

图 8-7 "添加模块"对话框

```vb
Public Function f(n As Integer) As
    If n = 1 Then
        f = 1
    Else
        f = n * f(n - 1)
    End If
End Function
```

图 8-8 标准模块编辑的通用过程

（3）类模块

在 Visual Basic 中，类模块（文件拓展名为.CLS）是面向对象编程的基础。可在类模块中编写代码建立新对象。这些新对象可以包含自定义的属性和方法，可在应用程序内的过程中使用。

类模块保存在文件拓展名为.CLS 的文件中，默认时应用程序不包含类模块。给工程添加类模块的方法与添加标准模块的相同。

类模块和标准模块的不同点在于存储数据方法不同。标准模块的数据只有一个备份，这意味着标准模块中一个公共变量的值改变以后，在后面的程序中再读取该变量时，将得到同一个值。而类模块的数据，是相对于类实例（也就是由类创建的每一对象）而独立存在的。同样，标准模块中的数据在程序作用域内存在，也就是说，它存在于程序的存活期中；而类实例中的数据只存在于对象的存活期，它随对象的创建而创建，随对象的消失而消失。最后，当变量在标准模块中声明为 Public 时，则它在工程中任何地方都是可见的；而类模块中的Public 变量，只有当对象变量含有对某一类实例的引用时才能访问。

2. 过程的作用域

在 VB 中，过程的作用域分为窗体/模块级和全局级。

① 窗体/模块级：加 Private 关键字的过程，只能被定义的窗体或模块中的过程调用。

② 全局级：加 Public 关键字（缺省）的过程，可供该应用程序的所有窗体和所有标准模块中的过程调用。

过程的定义和调用规则归纳总结见表 8-1。

表 8-1　不同作用范围的两种过程定义及调用规则

作用范围	模块级		全局级	
	窗体	标准模块	窗体	标准模块
定义方式	过程名前加 Private，例：Private Sub Mysubl（形参表）		过程名前加 Public 或缺省，例：［Public］Sub My2（形参表）	
能否被本模块其他过程调用	能	能	能	能
能否被本应用程序其他模块调用	不能	不能	能，但必须在过程名前加窗体名，例：Call 窗体名.My2（实参表）	能，但过程名必须唯一，否则要加标准模块名，例：Call 标准模块名 My2（实参表）

8.5.2　变量的作用域

变量的作用域即变量的作用范围，一个变量的作用范围有多大，取决于它是什么级别的变量。从作用域来讲，变量有局部变量、窗体和模块级变量及全局变量之分。

1. 过程级变量——局部变量

在过程体内定义的变量，只能在本过程内使用，这种变量称为过程级变量或局部变量。过程的形参也可以看作该过程的局部变量。例如：

```
Private Sub Command1_Click( )
  Dim a As Integer,b as Integer
End Sub
```

此时，a，b 为局部变量，只在该过程内有效。

2. 窗体/模块级变量

在窗体或模块的通用声明部分使用 Dim 语句或 Private 语句定义的变量，可以被本窗体或模块中的任何过程使用，这种变量称为窗体或模块级变量。窗体/模块级变量不能被其他窗体或模块使用。例如：

```
Dim a As Integer, b As Integer
Private c As Integer
Private Sub Command1_Click( )
…
End Sub
```

上面的变量 a、b 和 c 都是模块级变量，它们可以在该模块所包含的所有过程中起作用。

3. 工程级变量——全局变量

在窗体或模块的通用声明部分使用 Public 语句定义的变量，可以被本工程中任何过程使用，这种变量称为工程级变量或全局变量。如果是在模块中定义的全局变量，则可在任何过程中通过变量名直接访问。如果是在窗体中定义的全局变量，在其他窗体和模块中访问该变量的形式为：定义该变量的窗体名.变量名。

例如：

```
Public a As Integer, b As Integer
```

此时，a，b 为全局变量，在整个应用程序内有效。

4. 关于变量同名问题的几点说明

① 不同过程内的局部变量可以同名，因其作用域不同而互不影响。

② 不同窗体或模块间的窗体/模块级变量也可以同名，因为它们分别作用于不同的窗体或模块。

③ 不同窗体或模块中定义的全局变量也可以同名，但在使用时应在变量名前加上定义该变量的窗体或模块名。

④ 如果局部变量与同一窗体或模板中定义的窗体/模板级变量同名，则在定义该局部变量的过程中优先访问该局部变量。如果局部变量与不同窗体或模板中定义的窗体/模板级变量同名，因其作用域不同而互不影响。

⑤ 如果局部变量与全局变量同名，则在定义该局部变量的过程中优先访问该局部变量，如果要访问同名的全局变量，应该在全局变量名前加上全局变量所在窗体或模板的名字。

【例 8-11】写出下列程序运行时分别单击窗体和命令按钮后的输出结果。

```
Public x As Integer                '定义全局变量 x
Private Sub Form_Load( )
  x=10                             '将全局变量 x 的值设置为 10
End sub
```

```
Private Sub Form_Click( )
    Dim x As Integer                    '定义局部变量 x
    x=20                                '将局部变量 x 的值设置为 20
    Print x                             '输出局部变量 x 的值为 20
    Print Form1.x                       '输出全局变量 x 的值为 10
End sub
Private Sub Command1_Click( )
    Print x                             '输出全局变量 x 的值为 10
End Sub
```

8.5.3　静态变量

局部变量除了用 Dim 语句声明外，还可用 Static 语句将变量声明为静态变量，它在程序运行过程中可保留变量的值。这就是说，每次调用过程时，用 Static 说明的变量保持原来的值；而用 Dim 说明的变量，每次调用过程时，重新初始化。

静态变量的声明形式如下：

```
Static 变量名 [AS 类型]
```

【例 8-12】编一程序，利用局部变量 count 统计单击窗体的次数。

（1）

```
Private Sub Command1_Click( )
    Dim count As Integer
    count=count+1
    Print "已单击窗体";count;"次"
End Sub
```

从程序结果可以看出，Count 为简单变量时，不管单击多少次窗体，显示结果总是 1 次。

（2）

```
Private Sub Command1_Click( )
    Static count As Integer
    count=count+1
    Print  "已单击窗体";Count;"次"
End Sub
```

从程序结果可以看出，Count 为静态变量时，Count 变量的值将被保留并不断累加。

8.6　综合应用举例

【例 8-13】利用递归求任意两个正整数的最大公约数。

程序如下：

```
Private Sub Form_Click( )
    Dim N As Integer, M As Integer
    N=InputBox("输入 N")
```

```
        M=InputBox("输入 M")
    Print N; "和"; M; "的最大公约数是:"; Gcd (N,M)
End Sub


Private Function Gcd ( ByVal a As Integer, ByVal b As Integer) as Integer
    Dim k As Integer,max As Integer,min As Integer
    If a>b then
      max=a:min=b
    Else
      max=b:min=a
    End if
    k=max mod min
    If k=0 then
      Gcd=min
    Else
      Gcd=Gcd(min,k)
    End if
End Function
```

【例 8-14】顺序查找。根据查找的关键值与数组中的元素逐一比较,若相同,则查找成功;若找不到,则查找失败。

程序如下:

```
Sub Search(a( ), ByVal key As integer, ByRef index As integer)
    Dim i as integer
    For i=Lbound(a) to Ubound(a)
      If  key=a(i) then        '找到,元素下标保存在 index 形参中,结束查找
          index =i
          Exit sub
      End if
    Next i
    index =-1              '查找失败,index 形参的值为-1
End sub
Private Sub Form_Click( )
    Dim b( ), k as integer, n as integer
    b=Array (1,3,5,7,9,2,4)
    k=val(inputbox("输入要查找的关键值"))
    Call Search( b( ), k, n)
    if n>=0 then Msgbox("找到的位置为"& n ) else Msgbox("找不到")
End Sub
```

【例 8-15】二分法查找:在一批有序的数列中查找给定的数。

二分查找适合于查找有序数组,方法是将查找区间不断对分,直到找到或直到数组中没有指定的数据为止。

算法分析：

设定数组的上界为 high，下界为 low，中间位置为 mid=(low+high)/2。

查找过程：

① 先取数组中间位置 mid 的元素与所要查找的关键值比较，若相同，则查找成功结束。

② 否则判断关键值落在数组的哪半部分。若在数组的上半部，则令 high=mid，low 不变；若在数组的下半部，则令 low=mid，high 不变。这样就只保留了数组的一半。

③ 重复上述步骤①和②，若发现某个 mid 处的元素与关键值相同，则查找成功结束；若已出现 low>high 的情况，则说明查找失败。

二分法查找过程的示意图如图 8-9 所示。

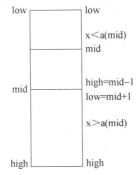

图 8-9　二分法查找过程示意图

程序代码如下：

```
Sub bisearch(a( ), ByVal low%, ByVal high%, ByVal key, index%)
    Dim mid%
    mid = (low + high) \ 2              '取查找区间的中点
    If a(mid) = key Then
        index = mid                    '查找到,返回查找到的下标
        Exit Sub
    ElseIf low > high Then             '二分法查找区间无元素,查找不到
        index = -1
        Exit Sub
    End If
    If key < a(mid) Then               '查找区间在上半部
        high = mid - 1
    Else
        low = mid + 1                  '查找区间在下半部
    End If
    Call bisearch(a, low, high, key, index)    '递归调用查找函数
End Sub
Private Sub Command1_Click( )          '主调程序调用
    Dim b( ) As Variant
    b = Array(1, 3, 5, 7, 9, 11, 15)
```

```
Call bisearch(b, Lbound(b), Ubound(b), 11, n%)
Print n
End Sub
```

【例 8-16】将一个十进制整数 m 转换成 r（2、8、16）进制整数。

程序分析：

要把一个十进制整数 m 转换成 r 进制整数，可先求得 m 除以 r 的商及余数，再用所得的商继续除以 r 求得商及余数，直到所得的商为 0 为止，把每次得到的余数按逆序排列即为 r 进制整数。设计界面如图 8-10 所示。

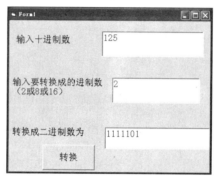

图 8-10　进位计数制转换

程序代码如下：

（1）定义一个转换函数过程

```
Private Function TranDec$(ByVal m%, ByVal r%)
    Dim StrDtoR$, iB%, mr%
    StrDtoR = ""                        'StrDtoR 用于逆序存放求得的余数
    Do While m <> 0
        mr = m Mod r                    '求余数
        m = m \ r                       '求商
        If mr >= 10 Then                '余数>=10 转换为 A~F,最先求出的余数位数最低
            StrDtoR = Chr(mr - 10 + 65) & StrDtoR
        Else                            '余数<10 直接连接,最先求出的余数位数最低
            StrDtoR = mr & StrDtoR
        End If
    Loop
    TranDec = StrDtoR
End Function
```

（2）调用函数过程

```
Private Sub Command1_Click( )
    Dim m%, r%, i%
    m = Val(Text1)
    r = Val(Text2)
    If r < 2 Or r > 16 Then
```

```
        i = MsgBox("输入的进制 r 超出范围", vbRetryCancel)
      If i = vbRetry Then
        Text2.Text = ""
        Text2.SetFocus
      Else
        End
      End If
    End If
    Text3.Text = TranDec(m, r)
End Sub
```

【例 8-17】编一个加密和解密程序，即将输入的一行字符串中的所有字母加密，加密后还可以再还原。程序界面如图 8-11 所示。

图 8-11 加密和解密程序

加密方法是：将每个字母 c 加一整数 k，即 c=chr(Asc(c)+k)。例如 k 为 5，这时 "A" → "F"、"a" → "f"、"B" → "G"、⋯。若加序数后的字母超过 "Z" 或 "z"，则 c=hr(Asc(c)+k-26)。解密为加密的逆过程。

（1）加密过程程序代码

```
Private Sub Command1_Click( )
  strinput = Text1.Text
  i = 1
  code = ""
  length = Len(RTrim(strinput))        '去掉字符串右边的空格,求真正的长度
  Do While (i <= length)
   strtemp = Mid$(strinput, i, 1)    '取第 i 个字符
   If (strtemp >= "A" And strtemp <= "Z") Then
     IASC = Asc(strtemp) + 5           '大写字母加序数 5 加密
    If IASC > Asc("Z") Then IASC = IASC - 26    '若加密后字母超过 z,则减去 26
     code = Left$(code, i - 1) + Chr$(IASC)
   ElseIf (strtemp >= "a" And strtemp <= "z") Then
     IASC = Asc(strtemp) + 5           '小写字母加序数 5 加密
    If IASC > Asc("z") Then IASC = IASC - 26     '若解密后字母超过 z,则减去 26
     code = Left$(code, i - 1) + Chr$(IASC)
    Else        '当第 i 个字符为其他字符时,不加密,与加密字符串的前 i-1 个字符连接
     code = Left$(code, i - 1) + strtemp
```

```
    End If
    i = i + 1
    Loop
  Text2.Text = code          '显示加密后的字符串
End Sub
```

（2）解密过程程序代码

```
Private Sub Command2_Click( )
  code = Text2.Text
  i = 1
  recode = ""
  length = Len(RTrim(code))          '若还未加密,不能解密,出错
  If length = 0 Then J = MsgBox("先加密再解密", 48, "解密出错")
  Do While (i <= length)
    strtemp = Mid$(code, i, 1)
    If (strtemp >= "A" And strtemp <= "Z") Then
      IASC = Asc(strtemp) - 5
      If IASC < Asc("A") Then IASC = IASC + 26
        recode = Left$(recode, i - 1) + Chr$(IASC)
    ElseIf (strtemp >= "a" And strtemp <= "z") Then
      IASC = Asc(strtemp) - 5
      If IASC < Asc("a") Then IASC = IASC + 26
      recode = Left$(recode, i - 1) + Chr$(IASC)
    Else
      recode = Left$(recode, i - 1) + strtemp
    End If
    i = i + 1
    Loop
  Text3.Text = recode
End Sub
```

【例 8-18】编写一个汉诺塔程序。汉诺塔（又称河内塔）问题源于印度一个古老传说的益智玩具。上帝创造世界的时候做了三根金刚石柱子，在一根柱子上从下往上按大小顺序摆着 64 片黄金圆盘。上帝命令婆罗门把圆盘从下面开始按大小顺序重新摆放在另一根柱子上。并且规定，在小圆盘上不能放大圆盘，在三根柱子之间一次只能移动一个圆盘。

程序运行开始的界面如图 8-12 所示，程序运行结果如图 8-13 所示。

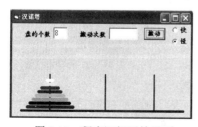

图 8-12　程序运行开始界面

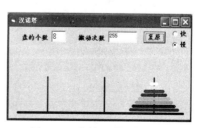

图 8-13　程序运行结束界面

程序运行代码如下：

```
Dim nTotal%                              '盘的总数
Dim m                                    '搬动次数
Dim nn(3), m0, y(36), k(3, 36), x0
Dim nDelay                               '延时次数

Private Sub Command1_Click( )
    If Command1.Caption = "复原" Then
        Command1.Caption = "搬动"
        复原
    Else
        m = 0
        m0 = Val(Text3)                  '停止次数
        MoveDisk 0, 1, 2, nTotal
        Text2 = m
        Command1.Caption = "复原"
    End If
End Sub

Private Sub Form_Load( )
    nTotal = 16
    For i = 1 To nTotal - 1
        Line3(i).BorderColor = QBColor(i Mod 8 + 8)
    Next
    x0 = (Line1.X1 + Line1.X2) / 2
    复原
End Sub

Public Sub MoveDisk(i, j, k, n)
    If n = 1 Then
        MoveOne i, k
    ElseIf n > 1 Then
        MoveDisk i, k, j, n - 1
        MoveOne i, k
        MoveDisk j, i, k, n - 1
    End If
End Sub
Public Sub MoveOne(i, j)
    m = m + 1
    kk = k(i, nn(i))
    nn(i) = nn(i) - 1
```

```
    nn(j) = nn(j) + 1
    k(j, nn(j)) = kk
    Line3(kk).X1 = Line3(kk).X1 + Line2(j).X1 - Line2(i).X1
    Line3(kk).X2 = Line3(kk).X2 + Line2(j).X1 - Line2(i).X1
    Line3(kk).Y1 = y(nn(j) - 1)
    Line3(kk).Y2 = y(nn(j) - 1)
    Refresh
    For i11 = 1 To nDelay
        For j11 = 1 To 10
            aa = Sin(11)
        Next
    Next
End Sub


Private Sub Option1_Click(Index As Integer)
    nDelay = 2 ^ (14 - nTotal)
    If Option1(1).Value = True Then
        nDelay = nDelay * 16
    End If
End Sub


Private Sub Text1_Change( )
    nTotal = Text1
    nDelay = 2 ^ (14 - nTotal)
    复原
    Cls
End Sub


Private Sub 复原( )
    For i = 1 To 16
        Line3(i).Visible = False
    Next
    nTotal = Val(Text1)
    Line2(0).X1 = x0 - nTotal * 200 - 200
    Line2(0).X2 = x0 - nTotal * 200 - 200
    Line2(2).X1 = x0 + nTotal * 200 + 200
    Line2(2).X2 = x0 + nTotal * 200 + 200
    Line1.X1 = Line2(0).X1 - nTotal * 100 - 200
    Line1.X2 = Line2(2).X1 + nTotal * 100 + 200

    For i = 1 To 2
```

```
        nn(i) = 0
    Next
    nn(0) = nTotal
    Line3(0).X1 = Line2(0).X1 - nTotal * 100
    Line3(0).X2 = Line2(0).X1 + nTotal * 100
    y(0) = Line3(0).Y1
    k(0, 1) = 0
    Line3(0).Visible = True
    For i = 1 To nTotal - 1
        y( i) = Line3(i - 1).Y1 - 120
        Line3( i ).X1 = Line3(i - 1).X1 + 100
        Line3( i ).X2 = Line3(i - 1).X2 - 100
        Line3( i ).Y1 = y( i )
        Line3( i ).Y2 = y( i )
        Line3( i ).Visible = True
        k(0, i + 1) = i
    Next
    Line2(0).Y1 = y(nTotal - 1) - 200
    Line2(1).Y1 = y(nTotal - 1) - 200
    Line2(2).Y1 = y(nTotal - 1) - 200
    Text2 = ""
    End Sub
```

习　题8

一、选择题

1. 下面子过程说明合法的是（　　）。

A. Sub f1(ByVal n%( ))　　　　　　B. Sub f1(n%)As integer

C. Function f1%（f1%）　　　　　　D. Function f1(ByVal n%)

2. 有如下程序：

```
Dim b
Private Sub form_click( )
    a = 1: b = 1
    Print "A="; a; ",B="; b
    Call mult(a)
    Print "A="; a; ",B="; b
End Sub
Private Sub mult(x)
    x = 2 * x
    b = 3 * b
End Sub
```

运行后的输出结果是（　　　）。

A. A=1，B=1 　　　　　　　　　　B. A=1，B=1

　　A=1，B=1 　　　　　　　　　　　A=2，B=3

C. A=1，B=1 　　　　　　　　　　D. A=1，B=1

　　A=1，B=3 　　　　　　　　　　　A=2，B=1

3. 有如下程序：

```
Option Base 1
Private Sub swap(abc( ) As Integer)
    For i = 1 To 10 \ 2
        t = abc(i)
        abc(i) = abc(10 - i + 1)
        abc(10 - i + 1) = t
    Next i
End Sub
Private Sub form_click( )
    Dim xyz(10) As Integer
    For i = 1 To 10
        xyz(i) = i * 2
    Next i
    swap xyz( )
    For i = 1 To 10
        Print xyz(i);
        Next i
```

End Sub 运行程序后，输出结果为（　　　）。

A. 1 2 3 4 5 6 7 8 9 10 　　　　　B. 2 4 6 8 10 12 14 16 18 20

C. 20 18 16 14 12 10 8 6 4 2 　　　D. 显示出错信息

4. 有如下程序：

```
Option Base 1
Private Sub form_click( )
    Dim a(3, 3)
    For j = 1 To 3
        For k = 1 To 3
            If j = k Then a(j, k) = 1
            If j <> k Then a(j, k) = 3
        Next k
    Next j
    Call p1(a( ))
End Sub
 Private Sub p1(a( ))
    For j = 1 To 3
        For k = 1 To 3
```

```
        Print a(j, k);
    Next k
Next j
End Sub
```

运行程序时，输出结果为（　　　　）。

A. 1 3 3 3 1 3 3 3 1

B. 3 1 1 1 3 1 1 1 3

C. 1 3 3

D. 显示出错信息

　　3 1 3

　　3 3 1

5. 对窗体编写如下代码：

```
Option Base 1
Private Sub Form_KeyPress(KeyAscii As Integer)
a = Array(237, 126, 87, 48, 498)
    m1 = a(1)
    m2 = 1
    If KeyAscii = 13 Then
    For I = 2 To 5
        If a(I) > m1 Then
            m1 = a(I)
            m2 = I
        End If
    Next I
    End If
    Print m1
    Print m2
End Sub
```

程序运行后，按 Enter 键，输出结果为（　　　　）。

A. 48　　　　　　B. 237　　　　　　C. 498　　　　　　D. 498

　　4　　　　　　　　　1　　　　　　　　　5　　　　　　　　　4

二、填空题

1. 下列程序的功能是计算由输入的分数确定结论，分数是百分制的，0～59 分的结论是"不及格"，60～79 分的结论是"及格"，80～89 分的结论是"良好"，90～100 分的结论是"优秀"，分数小于 0 或大于 100 是"数据错！"。请在画线处填上适当的内容使程序完整。

```
Option Explicit
Private Function jielum(ByVal score%) As String
    Select Case score
    Case_____
        jielun = "不及格"
    Case_____
        jielun = "及格"
```

```
    Case_____
        jilun = "良好"
    Case_____
        jilun = "优秀"
    Case_____
        jilun = "数据错!"
    End Select
End Function
 Private Sub form_click( )
    Dim s1 As Integer
    s1 = InputBox("请输入成绩:")
    Print jielun(s1)
End Sub
```

2. 下列程序的功能是计算输入数的阶乘，请在画线处填上适当的内容使程序完整。

```
Private Sub form_click( )
    N = Val(InputBox("请输入一个大于 0 的整数:"))
    Print fact(N)
End Sub
Private Function fact(M)
    Fact=_____
    For I=2 to_____
        Fact=_____
    Next I
End Function
```

3. 下列程序的功能是计算给定正整数序列中奇数之和 Y 与偶数之和 X，最后输出 X 平方根与 Y 平方根的乘积。请在画线处填上适当的内容使程序完整。

```
Private Sub form_click( )
    a = Array(9, 16, 8, 25, 34, 13, 22, 43, 22, 35, 26)
    Y=_____
    Print Y
End Sub
Private Function f1(B)
    X = 0
    Y = 0
    For k = 0 To 10
        If _____ mod 2=0 then
            X=_____
        Else
            Y=_____
        End If
    Next k
```

```
   f1 = Sqr(X) * Sqr(Y)
End Function
```

4. 下面过程运行后显示的结果是_____。

```
Public sub f1(n%, byval m%)
  n=n mod 10
  m=m\10
End sub
Private sub Command1_Click( )
  Dim x%, y%
  x=12: y=34
    Call f1(x,y)
    Print x, y
End sub
```

三、简答题

1. 比较函数过程和子过程的异同。

2. 值传递和地址传递的主要区别是什么？

3. 如何声明一个变量，使该变量在所有的窗体中都能使用？

四、程序设计题

1. 编写一个函数过程，求三角形的面积。三条边能构成三角形的前提条件：任意两边之和大于第三边。

2. 编写一个判断字符串是否是回文的函数过程，函数的返回值是一逻辑量，即 True 或 False。所谓回文，是指顺读与倒读都相同。例如 "ABCDCBA"。

3. 编写一个函数过程，判断已知数 m 是否是 "完数"。所谓完数，是指该数等于其因子之和。如：6=1+2+3，6 就是完数。

第9章

常用控件

VB 是面向对象的程序设计语言，它对界面的设计进行了封装，形成了一系列编程控件。设计人员在设计用户界面时，只需要从工具箱选中并拖动所需的控件到窗体，然后对控件进行属性设置和编写相应的事件过程即可，大大地减轻了烦琐的用户界面设计工作。

本章主要介绍在 VB 程序设计中常用的几个控件。

9.1　单选按钮、复选框和框架

9.1.1　单选按钮

单选按钮（OptionButton）在工具箱中的图标是 ⊙ 。默认的对象名为 Option1、Option2 等。

在若干选项中只能选一个时，用单选按钮。单选按钮是非常常见的，如性别的选择，如图 9-1 所示。

1. 单选按钮的常用属性

单选按钮的大部分属性跟前面讲过的控件类似，不再重复，不同的属性如下。

图 9-1　单选按钮

（1）Value 属性：表示选中状态，为逻辑型

返回或设置单选按钮控件的状态，为逻辑类型，返回 True 时，表示选择了该按钮；返回 False（默认），表示按钮没有被选中。

（2）Alignment 属性：对齐方式属性，为整数类型

0：单选按钮显示在左边，标题显示在右边，默认设置。

1：单选按钮显示在右边，标题显示在左边。

2. 单选按钮的常用事件

和命令按钮一样，单选按钮的常用事件是 Click，不过一般来说只是用单选按钮来传送一个值，很少对它的事件进行编程。

【例 9-1】利用单选按钮设置文字字号的变化，文字用标签控件显示。

① 界面设计如图 9-2 所示，在窗体上分别放置 1 个标签控件和 3 个单选按钮控件。各控件的属性设置详见表 9-1。

图 9-2　字号变化按钮

表 9-1　属性设置

对象	属性	设计时属性值	说明
Label1	Caption	欢迎光临 VB 的世界	
	Alignment	2	居中显示
Option1	Caption	28 号字	
Option2	Caption	32 号字	

② 代码设计：

```
Private Sub Option1_Click()        '单击单选按钮即选中
   Label1.FontSize = 28
End Sub
Private Sub Option2_Click()
   Label1.FontSize = 32
End Sub
```

9.1.2　复选框控件

复选框在工具箱中的图标是 ☑。默认的对象名为 Check1、Check2 等。
跟单选按钮相比较，复选框就意味着可以选择多个项目。

1. 复选框的常用属性

（1）Value 属性：返回或设置复选框控件的状态，数值类型

0（或 Unchecked）：复选框未被选定，默认设置。

1（或 Checked）：复选框被选定。

2（或 Grayed）：复选框变成灰色的"√"，再度单击后变成未选中状态。

反复单击同一复选框时，其 Value 属性只能在 0、1 之间交替变换。

（2）Alignment 属性：对齐方式，为整数类型

0：复选框按钮显示在左边，标题显示在右边，默认设置。

1：复选框按钮显示在右边，标题显示在左边。

2. 复选框的常用事件

复选框控件的常用事件一般为 Click 事件，不支持双击事件。系统把一次双击解释为两次单击。

【例 9-2】利用复选框按钮设置字型变化，文字用标签控件显示。要求标签框能自动换行实现扩展。

① 界面设计如图 9-3 所示，各控件的属性设置见表 9-2。

图 9-3　复选框实例

表 9-2　属性设置

对象	属性	设计时属性值	说明
Label1	Caption	欢迎光临 VB 的世界	
	Alignment	2	居中显示
Check1	Caption	加粗	
Check2	Caption	倾斜	

② 代码设计：

```
Private Sub Check1_Click( )
    If Check1.Value = 1 Then          ' 判断 Check1 被选中
        Label1.FontBold = True
    Else                              ' Check1 未被选中
        Label1.FontBold = False
    End If
End Sub
Private Sub Check2_Click( )
    If Check2.Value = 1 Then
```

```
            Label1.FontItalic = True
        Else
            Label1.FontItalic = False
        End If
End Sub
```

9.1.3 框架控件

框架控件在工具箱中的图标为 。

框架跟窗体、图片框控件类似，可以作为其他控件的容器来使用，称这类控件为容器控件。容器中的控件不仅可以随容器移动，而且控件在容器中的相对位置也可随之调整。

往框架控件里面添加其他控件的方法：

① 先添加框架控件，然后在控件框架里面再添加其他控件。

② 对于先于框架加到窗体上面的控件，可以先剪切该控件，然后选中框架，右键单击"粘贴"按钮，就可以把其他控件加入框架里面。

【例 9-3】设置一个字体属性设置程序，利用单选按钮来控制字体和字号，利用复选框来控制字形，利用框架分别对字体、字形和字号进行分组，这样就可以实现单选按钮的多选。

① 界面设计如图 9-4 所示。

图 9-4　字体设置程序

在窗体上分别放置 1 个文本框（TextBox）和 3 组框架（Frame）控件，每个框架中再分别设置 3 个单选按钮（OptionButton）或 3 个复选框。各控件的属性设置见表 9-3。

表 9-3　属性设置

对象	属性	设计时属性值	说明
Form1	Caption	字体设置	
Label1	Alignment	2-Center	文本居中
	Caption	欢迎光临 VB 的世界	
Frame1	Caption	字体	
Frame2	Caption	字号	
Frame3	Caption	字形	
Option1	Caption	宋体	
Option2	Caption	楷体	
Option3	Caption	28	
Option4	Caption	32	
Check1	Caption	加粗	
Check2	Caption	倾斜	

② 代码设计:

```
        Private Sub Option1_Click( )                  '宋体
            Text1.FontName = "宋体"
        End Sub
        Private Sub Option2_Click( )                  '楷体
            Text1.FontName = "楷体_gb2312"
        End Sub
        Private Sub Option3_Click( )
            Text1.FontSize = 28
        End Sub
        Private Sub Option4_Click( )
            Text1.FontSize = 32
        End Sub
        Private Sub Check1_Click( )                   '粗体
            If Check1.Value = 1 Then
                Text1.FontBold = True
            Else
                Text1.FontBold = False
            End If
        End Sub
        Private Sub Check2_Click( )                   '倾斜
            If Check2.Value = 1 Then
                Text1.FontItalic = True
            Else
                Text1.FontItalic = False
            End If
        End Sub
End Sub
```

③ 程序运行效果如图 9-4 所示。

9.2 列表框和组合框

列表框和组合框都可以为用户提供选项列表,用户可以在列表中进行选择。

9.2.1 列表框控件

工具箱中列表框控件的图标为▤。

列表框用来列出供操作的多项选择,用户可以通过单击某项,选择自己需要的选项并对其做某种处理。选择时可从中选取一项,也可选取多项。如果供选择的项目太多,超出了设计的长度,则 Visual Basic 会自动给列表框加上滚动条。在程序运行时,不能在列表框内进行输入。列表框的对象名默认的为 List1、List2 等。

1. 列表框控件常用属性

（1）List 属性：访问列表项目

该属性用来列出列表框项目的内容。在列表框中所有表项的值都以数组形式存放，List 属性就是保存这些选项值的数组，要取出其中某项的值，只需访问该项对应数组的下标（注意下标值从 0 开始）即可。

引用的格式为：

```
列表框对象名.List(Index)
```

其中，Index 表示该项目在列表框中的位置索引值（注意第一项的索引值为 0）。

例如，要在文本框中显示列表框的第二个表项的内容，可以写出下面的语句：

```
Text1.Text=List1.List(1)
```

（2）ListCount 属性：列表框项目总数，整数类型

该属性列出了列表框中表项的数量个数。列表框中表项的排列为 0-ListCount-1，即 List 属性下标值的范围是 0-ListCount-1，总数为 ListCount 项。

（3）ListIndex 属性：判断已选项目的位置，为整数类型

该属性值为被选中表项的索引，如果没有选中任何一项，则该属性值为–1。但是要注意的是，该属性只能在运行时可用，它设置或返回控件中当前选定项目的索引。第一个项目的索引号为 0，而最后一个项目的索引为 ListCount-1。如图 9-5 所示，选中"故宫"的 ListIndex 为 0，选中"白金汉宫"的 ListIndex 为 2。

（4）Text 属性：最后一次选中的表项内容，为字符串类型

该属性用来返回当前选中的表项内容。Text 属性值不能直接修改。

对于单选的列表框控件 List1，字符串 List1.list（ListIndex）与 List1.Text 相等，都是被选中表项的文本。如图 9-5 中，最后一次选中的"白金汉宫"的内容可以用 List1.Text 来表示。

图 9-5 列表框

（5）Selected 属性：判断列表框中某项的选择状态，逻辑型

该属性是一个逻辑数组，返回的值表示对应的项在程序运行时是否被选中。数组元素个数与列表框中的项目个数相同，其下标的变化范围也是 0-ListCount-1。该属性只能在程序中设计和引用。

引用的语法格式为：控件对象名.Selected(Index)＝[True | False]

例如，List1.Selected(3)=True 表示列表框 List1 的第四个项目被选中，此时 ListIndex 的值设置为 3。

（6）MultiSelect 属性：指定选项表项的方式是否具有多选的，整数类型

利用列表框控件的该属性，可以为列表框设置"单选"或"允许多选"属性。

MultiSelect 属性值为 0：只能单选（缺省值），不允许复选。

MultiSelect 属性值为 1：简单复选，鼠标单击或按下空格键在列表中选中或取消一个项目。此属性仅在 Style 为 0 时有效。

MultiSelect 属性值为 2：扩展多选，按下 Shift 键并单击鼠标，或按下 Shift 键并移动箭头键，就可以从前一个选定的项目扩展选择到当前的选择项，即选定多个连续的项目。按下 Ctrl 键并单击鼠标，可在列表中选中一个项目或取消一个选中的项目。此属性仅在 Style 为 0 时有效。

（7）Sorted 属性：设置列表框中表项是否按照字母升序排列，逻辑型

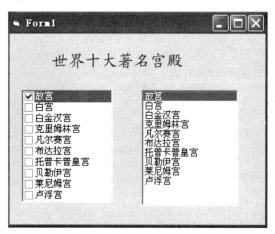

图 9-6　列表框控件 Style 示例

它有 True 和 False 两个值：设为 True 时，按升序排列；设为 False 时，不按升序排列。该属性的默认值为 False。注意，该属性为只能在属性窗口中进行设置。

（8）SelCount 属性：返回被选中表项的个数，整数类型

（9）Style 属性：控件样式属性，整数类型

该属性用来指示控件的显示类型和行为，在运行时是只读的。

Style 属性值为 1，为复选框样式，如图 9-6 所示的左边列表框 List1。

Style 属性值为 0（缺省值），为标准样式，如图 9-6 所示的右边列表框 List2。

若列表框控件的 Style 属性值为 1，无论 MultiSelect 属性取何值，该列表框在实际使用上允许多选。

2. 列表框控件的常用方法

（1）AddItem 方法

用于将项目添加到列表框或组合框中。

格式：控件对象件名.AddItem　表项文本 [,Index]

Index 即索引值，可以指定项目文本的插入位置，省略 Index，则表项文本自动加到列表框末尾。Index 值只能小于列表框的 ListCount 属性值。

另外，列表框控件的表项也可以在属性设置时添加。具体操作方法为：在属性窗口内选中 List 属性，在下拉框中添加文本，然后按 Ctrl+Enter 组合键换行输入下一个表项。

（2）Clear 方法

该方法用以清空列表框控件中的所有表项。

格式：控件对象名.Clear

（3）RemoveItem 方法

该方法用以删除列表框中的指定表项。

格式：列表框控件名.RemoveItem Index

Index 即指定表项的位置索引，范围为 0-ListCount-1。

3. 列表框控件常用事件

（1）Click 单击事件

当单击某一列表项目时，将触发列表框控件的 Click 事件。该事件发生时，系统会自动

改变列表框控件的 ListIndex、Selected、Text 等属性，无须另行编写代码。

（2）DblClick 双击事件

当双击某一列表项目时，将触发列表框控件的 DblClick 事件。

【例 9-4】用户界面如图 9-7 所示。双击左边列表框中的项目可以将其添加到右边列表框中，双击右边的列表框中的项目可以将其删除。

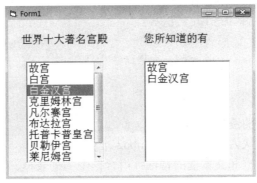

图 9-7　添加删除表项

① 界面设计，如图 9-7 所示，在窗体上排列出相应的列表框、标签控件。部分控件的属性设置见表 9-4。

表 9-4　属性设置

对象	属性	设计时属性值	说明
Label1	Caption	世界十大著名宫殿	
	Alignment	2	居中
Label2	Caption	您所知道的有	
	Alignment	2	居中

② 具体代码如下：

```
Private Sub Form_Load( )
    Label1.FontSize = 14                    '设置字体大小
    Label2.FontSize = 14
    List1.FontSize = 14
    List2.FontSize = 14
    List1.AddItem "故宫"                     ' 为List1添加表项
    List1.AddItem "白宫"
    List1.AddItem "白金汉宫"
    List1.AddItem "克里姆林宫"
    List1.AddItem "凡尔赛宫"
    List1.AddItem "布达拉宫"
    List1.AddItem "托普卡普皇宫"
    List1.AddItem "贝勒伊宫"
    List1.AddItem "莱尼姆宫"
```

```
    List1.AddItem "卢浮宫"
End Sub
Private Sub List1_DblClick( )
    List2.AddItem List1.Text                    ' 将选中的 List1 表项添加到 list2 中
End Sub
Private Sub List2_DblClick( )
    List2.RemoveItem List2.ListIndex            ' 将选中的 List2 表项删除
End Sub
```

9.2.2 组合框控件

工具箱中组合框控件的图标为 图。

组合框控件对象名默认为 Combo1、Combo2、…。

组合框控件兼有列表框和文本框的特性：组合框中的列表框部分提供选择项列表，文本框部分显示选择的结果。

1. 组合框控件的常用属性

组合框的属性和列表框的基本相同，这里介绍一些与列表框不同的属性。

（1）Style 属性：组合框样式属性，整数类型

组合框有 3 种样式，都是只读属性，只能在设计界面时设置。

① Style 属性值为 0（该属性的缺省值），为下拉式组合框。

用户可以像文本框一样直接输入文本，也可单击组合框右侧的箭头按钮打开选择列表。选定某个选项后，将选项插入组合框顶端的文本部分。

② Style 属性值为 1，为简单组合框。

任何时候都在组合框内显示列表。为了能够显示列表中的所有表项，必须将组合框绘制得足够大，当选择数超过可显示的限度时，将自动插入一个垂直滚动条。用户可以直接输入文本，也可从列表中选择。

③ Style 属性值为 2，为下拉式列表框。

下拉式列表框包括一个不可输入文本的文本框和一个下拉式列表框。单击箭头按钮可以引出列表框，它限制用户输入，如图 9-8 所示。

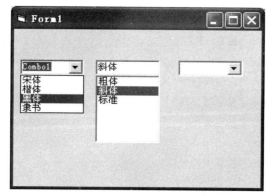

图 9-8 组合框控件 Style 属性不同设置的显示效果

第一个组合框控件的 Style 属性值为 0，它不仅可以下拉、弹出选项的列表框，还可以在文本框内编辑。

第二个组合框控件的 Style 属性值为 1，它类似于列表框控件，但可以在文本框内输入。在设置简单组合框时，需要将组合框选中，按住边界点向下拉伸，出现如图 9-8 所示效果。

第三个组合框控件的 Style 属性值为 2，它不准用户输入，其余特性与 Style 属性值为 0 的组合框情况相同。

（2）Text 属性：文本属性，为字符串类型

该属性值是用户所选择项目的文本或直接从编辑区输入的文本，即直接显示在文本中的内容。

注意：组合框控件不支持多选。

2．组合框控件的常用事件

（1）Click 事件

用户在组合框控件的列表部分选择表项的同时触发 Click 事件，此时 ListIndex 属性值就是组合框中所选表项的索引。

（2）KeyPress 事件

对于 Style 属性值为 0 或 1 的组合框控件，KeyPress 事件可以用于修改或添加列表部分的表项；该事件由在其文本框中按任何键触发，但在组合框中一般应在按 Enter 键（ASCII 码为 13）时执行修改或添加表项的操作。

下列 Combo1 控件的 KeyPress 事件过程可在文本框内新表项的输入结束（以 Enter 键为标志）后向组合框添加该表项：

```
Private Sub Combo1_KeyPress(KeyAscii As Integer)
   If KeyASCII = 13 Then Combo1.AddItem Combo1.Text
End Sub
```

3．组合框控件的常用方法

组合框控件的常用方法与列表框控件的基本一致，主要有添加表项的方法 AddItem、删除表项的方法 RemoveItem 和清除表项的方法 Clear 等。

4．组合框中列表项数据的排序

要对组合框和列表框中的列表项数据进行排序，可以利用它们的 List 属性，将列表项数据看成数组的形式进行排序。具体排序格式如下：

```
For i = 0 To Combo1.ListCount - 2      '表项数据的索引号从 0 开始
 For j = i + 1 To Combo1.ListCount - 1
  If Combo1.List(i) > Combo1.List(j) Then     '由小到大排序
  t = Combo1.List(i): Combo1.List(i) = Combo1.List(j)
  Combo1.List(j) = t
 End If
Next j, i
```

【例 9-5】设计一个字体设置程序，完成如下功能：分别单击三个组合列表框的列表项时，都能实现对标签控件 Label1 字体的设置。具体要求如下：

① 将标签 Label1 的标题设置为"程序设计"，将 Label1 的对齐方式设置为居中对齐，字

号为 12 号，大小随文字字体大小自动改变。

② 程序启动后，组合列表框 Combo1 的文本框显示为宋体，组合列表框 Combo2 的文本框显示为常规，组合列表框 Combo3 的文本框显示为 12。对 Combo1、Combo2、Combo3 的相关属性做合理设置。

具体操作如下：

① 界面设计，如图 9-9 所示。

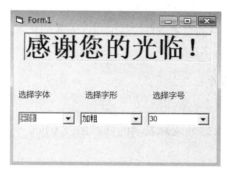

图 9-9　组合框示例

部分控件的属性设置见表 9-5。

表 9-5　属性设置

对象	属性	设计时的属性值	说明
Label1	Caption	感谢您的光临！	
	Alignment	2	居中显示
	BoderStyle	1	具有边框的三维效果
	AutoSize	True	
Label2	Caption	选择字体	
Label3	Caption	选择字形	
Label4	Caption	选择字号	
Combo1、Combo2、Combo3	Style	2	下拉式列表框

② 具体程序代码如下：

```
Private Sub Form_Load( )                          ' 添加表项
   Combo1.AddItem "宋体"
   Combo1.AddItem "楷体_GB2312"
   Combo1.AddItem "黑体"
   Combo2.AddItem "常规"
   Combo2.AddItem "斜体"
   Combo2.AddItem "粗体"
   Combo2.AddItem "粗体斜体"
   For i = 4 To 72 Step 4
     Combo3.AddItem i
```

```
      Next i
      Combo1.Text = "宋体"
      Combo2.Text = "常规"
      Combo3.Text = 12
    End Sub
    Private Sub Combo1_Click( )
      Label1.FontName = Combo1.Text              '设置字体
    End Sub
    Private Sub Combo2_Click( )
      Select Case Combo2.ListIndex               '设置字形
      Case 0
         Label1.FontItalic = False
         Label1.FontBold = False
      Case 1
         Label1.FontItalic = True
         Label1.FontBold = False
      Case 2
         Label1.FontBold = True
         Label1.FontItalic = False
      Case 3
         Label1.FontItalic = True
         Label1.FontBold = True
      End Select
    End Sub
    Private Sub Combo3_Click( )
      Label1.FontSize = Combo3.List(Combo3.ListIndex)   '设置字号
    End Sub
```

9.3 滚 动 条

滚动条控件分为水平滚动条（HscrollBar）控件和垂直滚动条（VscrollBar）控件。水平滚动条控件名称的缺省值为 Hscroll1、Hscroll2 等，垂直滚动条控件名称的缺省值为 Vscroll1、Vscroll2 等。

工具箱中水平滚动条控件、垂直滚动条控件的图标分别为 ▦、▦。

垂直和水平滚动条在滚动方向上不同，别的属性和事件都是相同的。

1. 滚动条控件常用属性

（1）Max 和 Min 属性：整数类型

① Max 属性。返回或设置当滚动框处于底部或最右位置时，一个滚动条位置的 Value 属性的最大设置值。

② Min 属性。返回或设置当滚动框处于底部或最左位置时，一个滚动条位置的 Value 属

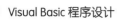

性的最小设置值。

这两个属性设置的范围可以是–32 768～32 767，缺省设置值为 0～32 767。

（2）Value 属性：整数类型

返回或设置滚动条的当前位置，其返回值始终介于 Max 和 Min 属性值之间，包括这两个值。

（3）LargeChange 属性：整数类型

该属性确定：当用户单击滚动条和滚动箭头按钮之间的区域时，滚动条控件 Value 属性值的改变量。

（4）SmallChange 属性：整数类型

该属性确定：当用户单击滚动箭头按钮时，滚动条控件 Value 属性值的改变量。

2. 滚动条控件常用事件

（1）Change 事件

当滚动条移动，其 Value 属性值发生变化时，就触发了 Change 事件。

（2）Scroll 事件

用户在按住鼠标并且拖动滚动条上的滚动块时，就触发了 Scroll 事件。

在用户按住鼠标键移动滚动块，未释放鼠标按键时，Scroll 事件就接连不断地发生；在用户释放鼠标时，就不是产生 Scroll 事件，而是产生了 Change 事件。这两个事件之间存在着一定的联系：Scroll 事件的发生（要求滚动条的 Value 值已经发生了改变），必将导致 Change 事件的发生，而 Change 事件的发生，则不一定导致 Scroll 事件的发生。

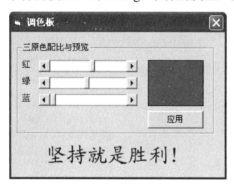

图 9-10　调色板程序

【例 9-6】调色板应用程序。

① 界面设计，如图 9-10 所示，具体做法如下：

单击框架（Frame）控件，在窗体上方建立框架控件（Frame1）；双击工具箱中的 Picture 控件，在框架左边放三个标签框，建立三个水平滚动条，在框架右边建立图片框控件 Picture1；图片框中的背景颜色随着滚动块的拉动而随之发生改变。单击"应用"按钮后，标签框（Label4）中字体的颜色和图片框中背景的颜色就一致了。调整好各控件的位置，设置各控件属性，见表 9-6。

表 9-6　属性设置

对象	属性	设计时属性值	说明
Frame1	Caption	三原色配比与预览	
Label1	Caption	红	
Label2	Caption	绿	
Label3	Caption	蓝	
Label4	Caption	坚持就是胜利	
Command1	Caption	应用	

② 代码设计：

```
Dim r As Single, g As Single, b As Single
Private Sub Form_Load( )
  HScroll1.Min = 0: HScroll1.Max = 255
  HScroll2.Min = 0: HScroll2.Max = 255
  HScroll3.Min = 0: HScroll3.Max = 255
End Sub
Private Sub HScroll1_Change( )          '红色滚动条的 Change 事件
  r = HScroll1.Value
  g = HScroll2.Value
  b = HScroll3.Value
  Picture1.BackColor = RGB(r, g, b)     '设置图片框的背景颜色
End Sub
Private Sub HScroll1_Scroll( )          '红色滚动条的 Scroll 事件
  r = HScroll1.Value
  g = HScroll2.Value
  b = HScroll3.Value
  Picture1.BackColor = RGB(r, g, b)
End Sub
Private Sub HScroll2_Change( )          '绿色滚动条的 Change 事件
  r = HScroll1.Value
  g = HScroll2.Value
  b = HScroll3.Value
  Picture1.BackColor = RGB(r, g, b)
End Sub
Private Sub HScroll2_Scroll( )          '绿色滚动条的 Scroll 事件
  Hscroll2_Change                       '调用绿色滚动条的 Change 事件
End Sub
Private Sub HScroll3_Change( )          '蓝色滚动条的 Change 事件
  r = HScroll1.Value
  g = HScroll2.Value
  b = HScroll3.Value
  Picture1.BackColor = RGB(r, g, b)
End Sub
Private Sub HScroll3_Scroll( )          '蓝色滚动条的 Scroll 事件
  Hscroll3_Change                       '调用蓝色滚动条的 Change 事件
End Sub
Private Sub Command1_Click( )           '应用预览的颜色
  Label4.ForeColor = Picture1.BackColor
End Sub
```

从中可以发现，Scroll 事件是针对滚动块的，它对于单击箭头按钮、单击滑块与箭头之

间的区域没有反应，而 Change 事件对滚动块的移动、单击箭头按钮、单击滑块与箭头之间的区域都能做出反应。

9.4 定 时 器

工具箱中定时器控件的图标为 。

定时器控件借用计算机内部的时钟，实现了由计算机控制、每隔一个时间段自动触发一个事件。它在运行时是不可见的，所以，在界面设计时可以放置在窗体的任意位置。

9.4.1 定时器控件常用属性

定时器控件缺省的控件名称为 Timer1、Timer2 等。

（1）Interval 属性：设置间隔时间，为整数类型

该属性表示定时器的时间间隔，以毫秒为单位（设置为 1 000，时间间隔为 1 秒）。

Interval 属性值为 0，则定时器不起作用；Interval 属性的最大值为 65 535。

（2）Enabled 属性：设置是否响应，为逻辑值

该属性返回或设置一个值，该值原来确定一个窗体或控件是否能够对用户产生的事件做出反应。它有两个值：True 或 False。当设为 True 时，表示定时器开始工作；当设为 False 时，表示关闭定时器。

9.4.2 定时器控件的 Timer 事件

Timer 事件是定时器控件的唯一事件。在控件的 Enabled 属性值为 True 时，Interval 属性值的设定决定了间隔多少时间调用一次 Timer 事件。

来看两个例子。

【例 9-7】电子时钟设计，程序运行效果如图 9-11 所示。

① 界面设计，在窗体中放置一个 Label 控件用于动态显示当前时间，再放置一个 Timer 控件，用于更新 Label 中的时间。部分控件属性见表 9-7。

图 9-11　模拟电子秒表

表 9-7　属性设置

对象	属性	设计时属性值	说明
Form1	Caption	电子时钟	
Label1	Caption		为空
Timer1	Enabled	True	可用
	Interval	1 000	时间间隔为 1 秒

② 具体代码如下:

```
Private Sub Form_Load( )
  Label1.FontSize = 28                          '设置字体大小
End Sub
Private Sub Timer1_Timer( )
  Label1.Caption = Time
End Sub
```

程序运行以后就像一个电子表,其中的时间不断地走动。

【例 9-8】设计一个闪烁的标语程序,使一行文字从左到右来回移动,到达边界后再换一个方向不间断地移动,同时让字的颜色产生一些变化。

具体设计过程如下:

① 界面设计,如图 9-12 所示,拖动鼠标,在窗体上放置一个标签框和定时器。控件属性见表 9-8。

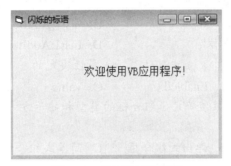

图 9-12　闪烁的标语程序

表 9-8　属性设置

对象	属性	设计时属性值	说明
Form1	Caption	闪烁的标语	
Label1	Caption	欢迎使用 VB 应用程序!	为空
Timer1	Enabled	True	可用
	Interval	100	时间间隔为 0.1 秒

② 代码设计:

```
Dim x As Single
Private Sub Form_Load( )
  x = 100
  Label1.FontSize = 12                       '设置字体大小
  Label1.AutoSize = True
End Sub
Private Sub Timer1_Timer( )
  If Label1.Left >= Form1.Width - Label1.Width Or Label1.Left < 0 Then
    x = -x                    '反方向
  End If
```

```
        Label1.Left = Label1.Left + x
        Label1.ForeColor = QBColor(Int(Rnd * 15))    '颜色随机变化
    End Sub
```

每次调用定时器事件 Timer1_Timer 都会使标签移动，当移动到边界的时候，表达式
"Label1.Left >= Form1.Width - Label1.Width Or Label1.Left < 0"可判断是否越界，如果越界，
则重新设置标签移动的步长，使标签在窗体内反向移动。

"QBColor（Int（Rnd * 16)），QBColor"是一个颜色函数，值是在 0～15 的整数（用一
个随机数来产生该函数的参数），并用该数改变控件 Label1 的 ForeColor 属性，使控件的前景
色变化。

● 习 题 9

一、选择题

1. 将数据"宋体"添加到列表框 List1 中，并使其成为第一项，使用（　　　）语句。

A. List1.AddItem "宋体"，0　　　　　　　B. List1.AddItem "宋体"

C. List1.AddItem 0，"宋体"　　　　　　　D. List1.AddItem "宋体"，1

2. 复选框对象是否被选中，是由其（　　　）属性决定的。

A. Checked　　　　　B. Enabled　　　　　C. Value　　　　　D. Selected

3. 组合框中的 Style 属性值确定了组合框的类型和显示方式，以下选项中不属于组合框
Style 属性值的是（　　　）。

A. 下拉式组合框　　　B. 弹出式组合框　　　C. 简单式组合框　　　D. 下拉式列表框

4. 不能通过（　　　）来删除列表框中的选择项。

A. List 属性　　　　　B. RemoveItem 方法　　C. Clear 方法　　　　D. Text 属性

5. 以下不允许用户在程序运行时输入文字的控件是（　　　）。

A. 标签框　　　　　　B. 文本框　　　　　　C. 下拉式组合框　　　D. 简单组合框

6. 滚动条的（　　　）属性用于指定用户单击滚动条的滚动箭头时，Value 属性值的增、
减量。

A. LargeChange　　　B. SmallChange　　　C. Value　　　　　　D. Change

7. 执行语句 List1.List（List1.ListCount）="80"后（　　　）。

A. 会产生出错信息　　　　　　　　　　　B. List1 列表框最后一项为"80"

C. List1 会增加一个"80"项　　　　　　　D. 指定 List1 列表框的表项个数为 80 个

8. 为使文本框显示滚动条，必须首先设置的属性是（　　　）。

A. AutoSize　　　　　B. Alignment　　　　C. Multiline　　　　D. ScrollBars

9. 设计动画时，通常用时钟控件的（　　　）属性来控制动画速度。

A. Interval　　　　　B. Timer　　　　　　C. Move　　　　　　D. Enabled

10. 将定时器的时间间隔设置为 1 秒，那么定时器的 Interval 属性值应为（　　　）。

A. 1 000　　　　　　B. 1　　　　　　　　C. 100　　　　　　　D. 10

11. OptionButton 控件和 CheckButton 控件都有 Value 属性，下列叙述正确的是（　　　）。

A. 都是设置控件是否可用

B. 都是设置控件是否可见

C. OptionButton 的 Value 属性是逻辑值，而 CheckButton 的 Value 值是数值

D. OptionButton 的 Value 属性是数值，而 CheckButton 的 Value 值是逻辑值

12. 程序运行时，拖动滚动条上的滚动块，则触发的事件是（　　　　）。

A. Move   B. Change   C. Scroll   D. GetFocus

二、填空题

1. 组合框具有_____和_____两种控件的基本功能。

2. 鼠标_____的动作，使滚动条的 Scroll、Change 事件都会发生。

3. 执行语句"HScroll1.Value = HScroll1.Value + 100"时，发生_____事件。

4. 定时器控件只能接收_____事件。

5. _____方法用来向列表框中加入表项。

6. 定时器的 Interval 属性值为 0 时，表示_____。

三、程序阅读题

1. 如图 9-13 所示的窗体上有一个列表框和一个文本框，下面程序运行后，在文本框中输入"789"，然后双击列表框中的"463"，写出文本框中的显示结果。

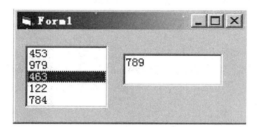

图 9-13　窗体

```
Private Sub Form_Load( )
    List1.AddItem "453"
    List1.AddItem "979"
    List1.AddItem "463"
    List1.AddItem "122"
    List1.AddItem "784"
    Text1.Text = ""
End Sub
Private Sub List1_DblClick( )
    a = List1.Text
    Text1= a + Text1.Text
End Sub
```

2. 执行了下面的程序后，写出列表框中各项的数据。

```
Private Sub Form_Load( )
    Combo1.AddItem "西瓜": Combo1.AddItem"苹果": Combo1.AddItem "橘子"
    Combo1.AddItem "葡萄": Combo1.AddItem "哈密瓜"
    Combo1.AddItem "火龙果": Combo1.AddItem "柚子"
```

```
    Combo1.List(0) = "李子" : Combo1.List(7) = "猕猴桃"
  End Sub
  Private Sub Combo1_KeyPress(KeyAscii As Integer)
    If KeyAscii = 13 Then Combo1.List(Combo1.ListCount) = Combo1.Text
    List1.Clear
    For i% = 0 To Combo1.ListCount - 1
      If Len(Trim(Combo1.List(i%))) < 3 Then
        List1.AddItem Combo1.List(i%)
      End If
    Next i%
  End Sub
```

写出程序运行时，在组合框 Combo1 中输入文本"香蕉"（以 Enter 键结束）后，控件 List1 中的所有表项。

3. 控件 Hscroll1 的属性设置如下：

```
HScroll1.Min = 1
HScroll1.Max = 9
HScroll1.Value = 1
HScroll1.SmallChange = 2
HScroll1.LargeChange = 4
```

下列程序运行时，单击滚动条右端箭头按钮 4 次，写出每次单击时，Text1 上的显示结果。

```
Dim y As Single
Private Function f1(x2 As Integer) As Single
  Static x1 As Integer
  f1 = 0
  For i% = x1 To x2
    f1 = f1 + i%
  Next i%
  x1 = i%
End Function
Private Sub HScroll1_Change( )
  y = y + f1(HScroll1.Value)
  Text1.Text = y
End Sub
```

4. 执行下列程序，按下 Enter 键后的输出结果。

```
Option Base 1
Private Sub Form_KeyPress(KeyASCII As Integer)
  Dim x As Integer, y As Integer
  a = Array(3, 6, 8, 4, 1, 7)        'a 数组中的元素分别为 3,6,8,4,1,7
  x = a(1)
  y = a(1)
  If KeyASCII = 13 Then
```

```
    For i = 2 To 6
      If a(i) > x Then
        x = a(i)
        y = i
      End If
    Next i
    End If
    Print x; y
  End Sub
```

四、程序设计题

1. 编写一个能对列表框进行项目添加、修改和删除操作的应用程序,如图9-14所示。"添加"按钮的功能是将文本框中的内容添加到列表框中,"删除"按钮可删除列表框中选定的项目,"修改"按钮可把要修改的项目显示在文本框中,当在文本框修改好后,再单击"修改确定"按钮则更新列表框中的内容。当按下"修改"按钮后,"修改确定"按钮才可选取,否则不可操作。

2. 已知在 List1 和 List2 中分别有 n 个随机产生的两位正整数(通过 Load 事件实现),现将 List1 和 List2 中的数全部移到 List3 中,并在 List3 中按照由小到大的顺序进行输出。

3. 用户界面如图 9-15 所示,用于显示左右两个组合框中数据的左移和右移功能。程序开始运行时,在左边组合框中随机生成 10 个由小到大排列的三位正整数(已知组合框 1 的 Sorted 属性已设置为 True),现要求完成:

图9-14 列表框应用程序

图9-15 组合框

① 单击 ">>" 按钮,左边组合框中的 10 个数全部移到右边组合框,并由大到小排列,同时使 "<<" 按钮能响应," >>" 按钮不能响应;

② 单击 "<<" 按钮,右边组合框中的 10 个数全部移到左边组合框,并由小到大排列,同时使 ">>" 按钮能响应," <<" 按钮不能响应;

③ 单击 "结束按钮",结束程序运行。

已知各控件的 Caption 属性已经在属性窗口中设置完成。

第10章

文　件

在本章之前介绍的工程有多类文件，如窗体文件、工程文件等，这些都是程序文件。本章将进一步对文件的分类、文件操作的步骤、函数、语句及文件的基本控件加以介绍。在这些文件类型中，本章将重点介绍数据文件，使用数据文件可以永久地保留计算结果，也可将数据文件读入计算机进行再处理。数据文件和程序中的数据、变量不同，程序中的数组、变量随程序的建立而建立，随程序的消亡而消亡，而数据文件则可以永久保存在磁盘。

10.1　文　件　概　述

众所周知，程序运行是在计算机内存中完成的，关闭程序后存入结果的变量就不复存在，因此，很多数据或操作对象需要存放在磁盘中，这样应用程序就需要基于磁盘文件进行处理。

文件是指在外部存储器上数据的集合。

从不同的角度，文件可分为不同的类型。

1. 根据文件内容，文件可分为程序文件和数据文件

（1）程序文件

程序文件是可以由计算机执行的程序，包括源文件和可执行文件。在 Visual Basic 中，扩展名为.exe、.vbp、.bas、.cis 等的文件都是程序文件。

（2）数据文件

数据文件是程序中使用的数据。这些数据可以是程序中要使用的数据，也可以是程序的处理结果。

本章讨论的是 Visual Basic 的数据文件。

2. 根据存取方式和结构，文件又可分为顺序文件和随机文件

（1）顺序存取文件（Sequential File）

顺序存取文件是普通的文本文件，文件中的记录一个接一个地存放。在这种文件中，只

知道第一个记录的存入位置，其他记录的位置无从知晓。当要查找某个数据时，只能从文件头开始，一个记录一个记录地顺序读取，直到找到要查找的记录为止。

顺序文件的组织比较简单，但维护困难，为了修改文件中的某个记录，必须把整个文件读入内存，修改完后再重新写入磁盘。顺序文件不能灵活地增减数据，因而适用于有一定规律且不经常修改的数据。其主要优点是占空间少，容易使用。

（2）随机存取文件（Random Access File）

与顺序文件不同，在访问随机文件中的数据时，不必考虑各个记录的排列顺序或位置，可以根据需要访问文件中的任一个记录。

在随机文件中，每个记录的长度是固定的，记录中的每个字段的长度也是固定的。此外，随机文件的每个记录都有其唯一的记录号。在写入数据时，只要指定记录号，就可以把数据直接存入指定位置。而在读取数据时，只要给出记录号，就能直接读取该记录。在随机文件中，可以同时进行读、写操作，因而能快速地查找和修改每个记录，不必为修改某个记录而对整个文件进行读、写操作。

随机文件的优点是数据的存取较为灵活、方便，速度较快，容易修改；缺点是占空间较大，数据组织较复杂。

3. 根据文件信息的编码方式，文件又可以分为 ASCII 文件和二进制文件

（1）ASCII 文件

又称为文本文件，它以 ASCII 方式存储，数值型数据中的每位数字分别使用代表它们的 ASCII 码存储，汉字的存储则使用双字节的汉字字符集编码。这种文件可以用字处理软件建立和修改（必须按纯文本文件保存）。

（2）二进制文件（Binary File）

以二进制方式保存的文件。二进制文件不能用普通的字处理软件编辑，占用空间较小。

10.2　文件的打开与关闭

在 Visual Basic 中，数据文件的操作按下述步骤进行：

1. 打开（或建立）文件

一个文件必须先打开或建立后才能使用。如果一个文件已经存在，则打开该文件；如果不存在，则建立该文件。

2. 进行读、写操作

在打开（或建立）的文件上执行所要求的输入/输出操作。在进行文件处理中，把内存中的数据传输到相关联的外部设备（例如磁盘）并作为文件存放的操作叫作写数据，而把数据文件中的数据传输到内存程序中的操作叫作读数据。一般来说，在主存与外设的数据传输中，由主存到外设叫作输出或写，而由外设到主存叫作输入或读。

3. 关闭文件

文件处理一般需要以上 3 步。在 Visual Basic 中，数据文件的操作通过有关的语句和函数来实现。

10.2.1 文件的打开（建立）

如前所述，在对文件进行操作之前，必须先打开或建立文件。Visual Basic 用 Open 语句打开或建立一个文件。其格式为：

```
Open 文件说明 [For 方式] [Access 存放类型] [锁定] As [#] 文件号 [Len=记录长度]
```

Open 语句的功能是：为文件的输入/输出分配缓冲区，并确定缓冲区所使用的存取方式。

说明：

1）格式中的 Open、For、Access、As 及 Len 为关键字，"文件说明"的含义如前所述，其他参量的含义如下：

① 方式：指定文件的输入/输出方式，可以是下述操作之一：

● Output：指定顺序输出方式。

● Input：指定顺序输入方式。

● Append：指定顺序输出方式。与 Output 不同的是，当用 Append 方式打开文件时，文件指针被定位在文件末尾。如果对文件执行写操作，则写入的数据附加到原来文件的后面。

● Random：指定随机存取方式，也是默认方式。在 Random 方式中，如果没有 Access 子句，则在执行 Open 语句时，Visual Basic 试图按下列顺序打开文件：读/写；只读；只写。

● Binary：指定二进制方式文件。在这种方式下，可以用 Get 和 Put 语句对文件中任何字节位置的信息进行读写。在 Binary 方式中，如果没有 Access 子句，则打开文件的类型与 Random 方式相同。

"方式"是可选的，如果省略，则为随机存取方式，即 Random。

② 存取类型：放在关键字 Access 之后，用来指定访问文件的类型。可以是下列类型之一：

● Read：打开只读文件。

● Write：打开只写文件。

● Read Write：打开读写文件。这种类型只对随机文件、二进制文件及用 Append 方式打开的文件有效。

③ 锁定：该子句只在多用户或多进程环境中使用，用来限制其他用户或其他进程对打开的文件进行读写操作。锁定类型包括：

● 默认：如不指定锁定类型，则本进程可以多次打开文件进行读写；在文件打开期间，其他进程不能对该文件执行读写操作。

● Lock Shared：任何机器上的任何进程都可以对该文件进行读写操作。

● Lock Read：不允许其他进程读该文件。只在没有其他 Read 存取类型的进程访问该文件时，才允许这种锁定。

● Lock Write：不允许其他进程写这个文件。只在没有其他 Write 存取类型的进程访问该文件时，才能使用这种锁定。

● Lock Read Write：不允许其他进程读写这个文件。

如果不使用 Lock 子句，则默认为 Lock Read Write。

④ 文件号：是一个整型表达式，其值在 1～511 范围内。执行 Open 语句时，打开文件的文件号与一个具体的文件相关联，其他输入/输出语句或函数通过文件号与文件发生关系。

⑤ 记录长度：是一个整型表达式。对于用随机访问方式打开的文件，该值是记录长度；对于顺序文件，该值是缓冲字符数。"记录长度"的值不能超过 32 767 字节。对于二进制文件，将忽略 Len 子句。

2）为了满足不同的存取方式的需要，对同一个文件可以用几个不同的文件号打开，每个文件号有自己的一个缓冲区。对于不同的访问方式，可以使用不同的缓冲区。但是，当使用 Output 或 Append 方式时，必须先将文件关闭，才能重新打开文件。而当使用 Input、Random 或 Binary 方式时，不必关闭文件就可以用不同的文件号打开文件。

3）Open 语句兼有打开和建立文件两种功能。在对一个数据文件进行读、写、修改或增加数据之前，必须先用 Open 语句打开或建立该文件。如果用输入（Input）、附加（Append）或随机（Random）访问方式打开的文件不存在，则建立相应的文件；此外，在 Open 语句中，任何一个参量的值如果超出给定的范围，则产生"非法功能调用"错误，并且文件不能被打开。

下面是一些打开文件的例子：

```
Open "Price.dat" For Output As #1
```

建立并打开一个新的数据文件，使记录可以写到该文件中。

如果文件"Price.dat"已存在，该语句打开已存在的数据文件，新写入的数据将覆盖原来的数据。

```
Open "Price.dat" For Append As #1
```

打开已存在的数据文件，新写入的记录附加到文件的后面，原来的数据仍在文件中。如果给定的文件名不存在，则 Append 方式可以建立一个新文件。

```
Open "Price.dat" For Input As #1
```

打开已存在的数据文件，以便从文件中读出记录。

以上例子中打开的文件都是按顺序方式输入/输出。

```
Open "Price.dat" For Random As #1
```

按随机方式打开并建立一个文件，然后读出或写入定长记录。

```
Open "Records" For Random Access Read Lock Write As #1
```

为读取"Records"文件，以随机存取方式打开该文件。该语句设置了写锁定，但在 Open 语句有效时，允许其他进程读。

```
Open "c:\abc\abcfile.dat" For Random As #1 len=256
```

用随机方式打开 c 盘上 abc 目录下的文件，记录长度为 256 字节。

10.2.2　文件的关闭

文件的读写操作结束后，应将文件关闭，这可以通过 Close 语句来实现。其格式为：

```
Close [[#]文件号] [,[#]文件号] …
```

Close 语句用来结束文件的输入/输出操作。例如，假定用下面的语句打开文件：

```
Open "price.dat" For Output As #1
```

则可以用下面的语句关闭该文件：

```
Close #1
```

说明：

① 格式中的"文件号"是 Open 语句中使用的文件号。关闭一个数据文件具有两方面的作用：第一，把文件缓冲区中的所有数据写到文件中；第二，释放与该文件相联系的文件号，以供其他 Open 语句使用。

② Close 语句中的"文件号"是可选的。如果指定了文件号，则把指定的文件关闭；如果不指定文件号，则把所有打开的文件全部关闭。

③ 除了用 Close 语句关闭文件外，在程序结束时，将自动关闭所有打开的数据文件。

10.3 文件操作语句和函数

这一小节介绍通用的语句和函数，这些语句和函数用于文件的读、写操作中。

10.3.1 文件指针

文件被打开后，自动生成一个文件指针（隐含的），文件的读或写就从这个指针所指的位置开始。用 Append 方式打开一个文件后，文件指针指向文件的末尾，而如果用其他几种方式打开文件，则文件指针都指向文件的开头。完成一次读写操作后，文件指针自动移到下一个读写操作的起始位置，移动量的大小由 Open 语句和读写语句中的参数共同决定。对于随机文件来说，其文件指针的最小移动单位是一个记录的长度；而顺序文件中文件指针移动的长度与它所读写的字符串的长度相同。在 Visual Basic 中，与文件指针有关的语句和函数是 Seek。

文件指针的定位通过 Seek 语句来实现。其格式为：

```
Seek #文件号,位置
```

Seek 语句用来设置文件中下一个读或写的位置。"文件号"的含义同前；"位置"是一个数值表达式，用来指定下一个要读写的位置，其值在 $1 \sim (2^{31}-1)$ 范围内。

说明：

① 对于用 Input、Output 或 Append 方式打开的文件，"位置"是从文件开头到"位置"为止的字节数，即执行下一个操作的地址，文件第一个字节的位置是 1。对于用 Random 方式打开的文件，"位置"是一个记录号。

② Get 或 Put 语句中的记录号优先于由 Seek 语句确定的位置。此外，当"位置"为 0 或负数时，将产生出错信息"错误的记录号"。当 Seek 语句中的"位置"在文件尾时，对文件的写操作将扩展该文件。

与 Seek 语句配合使用的是 Seek 函数，其格式为：

```
Seek(文件号)
```

该函数返回文件指针的当前位置。由 Seek 函数返回的值在 $1 \sim (2^{31}-1)$ 范围内。

对于用 Input、Output 或 Append 方式打开的文件，Seek 函数返回文件中的字节位置（产生下一个操作的位置）。对于用 Random 方式打开的文件，Seek 函数返回下一个要读或写的记录号。

对于顺序文件，Seek 语句把指针移到指定的字节位置上，Seek 函数返回有关下次将要读写的位置信息；对于随机文件，Seek 语句只能把文件指针移到一个记录的开头，而 Seek 函数返回的是下一个记录号。

10.3.2　其他语句和函数

1. FreeFile 函数

用 FreeFile 函数可以得到一个在程序中没有使用的文件号。当程序中打开的文件较多时，这个函数很有用。特别是当在通用过程中使用文件时，用这个函数可以避免使用其他 Sub 或 Function 过程中正在使用的文件号。利用这个函数，可以把未使用的文件号赋给一个变量，用这个变量作文件号，不必知道具体的文件号是多少。

【例 10-1】用 FreeFile 函数获取一个文件号。

```
Private Sub Form_Click( )
  Filename$=InputBox$("请输入要打开的文件名:")
  Filenum= FreeFile
  Open Filename$ For Output As Filenum
  Print Filename$ ;"opened as file #" Filenum
  Close # Filenum
End Sub
```

该过程把要打开的文件的文件名赋给变量 Filename$（从键盘上输入），而把可以使用的文件号赋给变量 Filenum，它们都出现在 Open 语句中。程序运行后，在输入对话框中输入"datafile.dat"，单击"确定"按钮，程序输出：

```
datafile.dat opened as file #1
```

2. Loc 函数

格式：Loc（文件号）

Loc 函数返回由"文件号"指定的文件的当前读写位置。格式中的"文件号"是在 Open 语句中使用的文件号。

对于随机文件，Loc 函数返回一个记录号，它是对随机文件读或写的最后一个记录的记录号，即当前读写位置的上一个记录；对于顺序 Loc 函数，返回的是从该文件被打开以来读或写的记录个数，一个记录是一个数据块。

3. LOF 函数

格式：LOF（文件号）

LOF 函数返回给文件分配的字节数（即文件的长度）。"文件号"的含义同前。在 Visual Basic 中，文件的基本单位是记录，每个记录的默认长度是 128 个字节。因此，对于由 Visual Basic 建立的数据文件，LOF 函数返回的将是 128 的倍数，不一定是实际的字节数。例如，假定某个文件的实际长度是 257（128×2+1）个字节，则用 LOF 函数返回的 384（128×3）个字节。对于用其他编辑软件或字处理软件建立的文件，LOF 函数返回的将是实际分配的字节数，即文件的实际长度。

用下面的程序段可以确定一个随机文件中记录的个数：

```
RecordLength=60
    Open "c:\prog\Myrelatives" For Random As #1
```

```
x=LOF(1)
NumberOfRecords=x\RecordLength
```

4. EOF 函数

格式：EOF（文件号）

EOF 函数用来测试文件的结束状态。"文件号"的含义同前。利用 EOF 函数，可以避免在文件输入时出现"输入超出文件尾"错误。因此，它是一个很有用的函数。在文件输入期间，可以用 EOF 测试是否到达文件末尾。对于顺序文件来说，如果已到文件末尾，则 EOF 函数返回 True，否则返回 False。

当 EOF 函数用于随机文件时，如果最后执行的 Get 语句未能读到一个完整的记录，则返回 True，这通常发生在试图读文件结尾以后的部分时。

EOF 函数常用来在循环中测试是否已到文件尾，一般结构如下：

```
Do While Not EOF(1)
    '文件读写语句
Loop
```

10.4　顺　序　文　件

在顺序文件中，记录的逻辑顺序与存储顺序相一致，对文件的读写操作只能一个记录一个记录地顺序进行。

10.4.1　顺序文件的写操作

1. Print #语句

格式：Print #文件号，[Spc(n)|Tab(n)][表达式表][;|,]

Print #语句的功能是，把数据写入文件中。Print #语句与 Print 方法的功能类似。Print 方法所"写"的对象是窗体、打印机或控件，而 Print #语句所"写"的对象是文件。例如：

```
Print #1,A,B,C
```

把变量 A、B、C 的值"写"到文件号为 1 的文件中。而

```
Print A,B,C
```

则把变量 A、B、C 的值"写"到窗体上。

说明：

① 格式中的"表达式表"可以省略。在这种情况下，将向文件中写入一个空行。例如：

```
Print #1
```

② 和 Print 方法一样，Print #语句中的各数据项之间可以用分号隔开，也可以用逗号隔开，分别对应紧凑格式和标准格式。数值数据由于前有符号位，后有空格，因此使用分号不会给以后读取文件造成麻烦。但是，对于字符串数据，特别是变长字符串数据来说，用分号分隔就有可能引起麻烦，因为输出的字符串数据之间没有空格。例如，设

```
A$="Beijing",B$="Shanghai",C$="Tianjin"
```

则执行

```
Print #1,A$;B$;C$
```

后，写到磁盘上的信息为"BeijingShanghaiTianjin"。为了使输出的各字符串明显地分开，可以人为地插入逗号，即改为：

```
Print #1,A$;",";B$,",";C$
```

这样写入文件中的信息为"Beijing，Shanghai，Tianjin"。

③ 实际上，Print #语句的任务只是将数据送到缓冲区，数据由缓冲区写到磁盘文件的操作是由文件系统来完成的。对于用户来说，可以理解为由 Print #语句直接将数据写入磁盘文件。但是执行 Print #语句后，并不是立即把缓冲区的内容写入磁盘，只有在满足下列条件之一时才写盘：

● 关闭文件（Close）；

● 缓冲区已满；

● 缓冲区未满，但执行下一个 Print #语句。

【例 10-2】假定文本框（名称为 Text1），用 Print #语句向文件（文件名为 TEST.DAT）中写入数据。

方法 1：把整个文本框的内容一次性地写入文件。

```
Open "TEST.DAT" For Output As #1
Print #1, Text1
Close #1
```

方法 2：把整个文本框的内容一个字符一个字符地写入文件。

```
Open "TEST.DAT" For Output As #1
For i=1 To len(Test1)
Print #1,Mid(Text1, i, 1);
Next i
Close #1
```

2．Write #语句

格式：Write #文件号，表达式表

和 Print #语句一样，用 Write #语句可以把数据写入顺序文件中。

说明：

1）"文件号"和"表达式表"的含义同前。当使用 Write #语句时，文件必须以 Output 或 Append 方式打开。"表达式表"中的各项以逗号分开。

2）Write #语句与 Print #语句的功能基本相同，其主要区别有以下两点：

① 当用 Write #语句向文件写数据时，数据在磁盘上以紧凑格式存放，能自动地在数据项之间插入逗号，并给字符串加上双引号。一旦最后一项被写入，就插入新一行。

② 用 Write #语句写入的正数的前面没有空格。

3）如果试图用 Write #语句把数据写到一个用 Lock 语句限定的顺序文件中去，则会发生错误。

10.4.2　顺序文件的读操作

顺序文件的读操作，就是从已存在的顺序文件中读取数据。在读一个顺序文件时，首先要用 Input 方式将准备读的文件打开。Visual Basic 提供了 Input、Line Input 语句和 Input 函数读出顺序文件的内容。

1. Input #语句

格式：Input #文件号，变量表

功能：Input #语句从一个顺序文件中把读出的每个数据项分别存放到所对应的变量。例如：

```
Input #1,A,B,C
```

表示从文件中读出 3 个数据项，分别把它们赋给 A、B、C 三个变量。

说明：

① 变量表由一个或多个变量组成，各变量用逗号分隔。变量既可以是数值变量，又可以是字符串或数组元素。

② 变量的类型和次序与文件中数据项的类型应匹配。

③ 变量表中不能使用结构类型变量，如数组名。

④ 在为数值变量赋值而读数时，将忽略前导空格、回车或换行符，把遇到的第一个非空格、非回车和非换行符作为数值的开始，遇到空格、回车或换行符，则认为数值结束。空行和非数值数据赋以 0 值。

⑤ 在为字符型变量赋值而读数时，若遇第一个字符（不算前导空格）是双引号，将把下一个双引号之前的字符串赋给变量（双引号不算在字符串内）；若遇到第一个字符不是双引号，则以遇到的第一个逗号或行结束符作为结尾，空行看作空字符串。

⑥ 当有多种数据类型的数据时，尤其是含有字符型数据时，为了能够用 Input #语句将文件中的数据正确地读出，在写数据文件时，最好使用 Write #语句，因为 Write #语句能够将各个数据项明显地区分开。

2. Line Input #语句

格式：Line Input #文件号，字符串变量

功能：从顺序文件中读一行到变量中，主要用来读取文本文件。

说明：读出的数据中不包含回车符及换行符。

例如：以下代码段逐行读取一个文件到文本框 Text1：

```
Dim NextLine As String
Open "city.dat" For Input As FileNum
Do Until EOF(FileNum)
   Line Input #FileNum,NextLine
   Text1.Text=Text1.Text +NextLine +chr(13)+chr(10)
Loop
```

需要注意的是，尽管 Line Input #语句到达回车换行时会识别行尾，但是，当它把该行读

入变量时，不包括回车换行。如果要保留该回车换行，必须使用代码添加。

3．Input $ 函数

格式：Input $ （n，#文件号）

Input $ 函数返回从指定文件中读出的 n 个字符的字符串。例如：

```
x$=Input $ (100,#1)
```

表示从文件号为 1 的文件中读取 100 个字符，并把它赋给变量 x$。

10.5　随　机　文　件

使用顺序文件有一个很大的缺点，就是它必须顺序访问，即使明知所要的数据是在文件的末端，也要把前面的数据全部读完才能取得该数据；而随机文件则可直接快速访问文件中的任意一条记录，它的缺点是占用空间较大。

随机文件有以下特点：

① 随机文件的记录是定长记录，只有给出记录号 n，才能通过 "（n–1）×记录长度" 计算出该记录与文件首记录的相对地址。因此，在用 Open 语句打开文件时，必须指定记录的长度。

② 每个记录划分为若干个字段，每个字段的长度等于相应的变量的长度。

③ 各变量（数据项）要按一定格式置入相应的字段。

④ 打开随机文件后，既可读，也可写。

随机文件以记录为单位进行操作。

在对一个随机文件操作之前，也必须用 Open 语句打开文件，随机文件的打开方式必须是 Random 方式，同时要指明记录的长度。与顺序文件不同的是，随机文件打开后，可同时进行写入与读出操作。

随机文件与顺序文件的读写操作类似，但通常把需要读写的记录中的各字段放在一个记录中，同时应指定每个记录的长度。

1．随机文件的写操作

随机文件写操作分为以下 3 步：

（1）定义数据类型

随机文件由固定长度的记录组成，每个记录含有若干个字段。记录中的各个字段可以放在一个记录类型中，记录类型用 Type…End Type 语句定义。Type…End Type 语句通常在标准模块中使用，如果放在窗体模块中，则应加上关键字 Private。

（2）打开随机文件

与顺序文件不同，打开一个随机文件后，既可用于写操作，也可用于读操作。打开随机文件的一般格式为：

```
Open "文件名称" For Random As #文件号 [Len=记录长度]
```

"记录长度" 等于各字段长度之和，以字符（字节）为单位。如果省略 "Len＝记录长度"，则记录的默认长度为 128 个字节。

（3）将内存中的数据写入磁盘

随机文件的写操作通过 Put 语句来实现，其格式为：

```
Put #文件号,[记录号],变量
```

该命令是将一个记录变量的值写入文件中由记录号指定的记录位置上，记录号为大于 1 的整数。若省略记录号，则表示写入的位置是在当前记录之后。

2. 随机文件的读操作

从随机文件中读取数据的操作与写文件操作步骤类似，只是把第（3）步中的 Put 语句用 Get 语句来代替。其格式为：

```
Get #文件号,[记录号],变量
```

该命令是从文件中将由记录号指定位置上的记录内容读入记录变量中。若记录号缺少，则读出的是当前记录后面的那一条记录。

10.6　文件系统控件

在 Windows 应用程序中，当打开文件或将数据存入磁盘时，通常要打开一个对话框。利用这个对话框，可以指定文件、目录及驱动器名，方便地查看系统的磁盘、目录及文件等信息。为了建立这样的对话框，Visual Basic 提供了 3 个控件，即驱动器列表框（Drive ListBox）、目录列表框（Directory ListBox）和文件列表框（File ListBox）。利用这 3 个控件，可以编写文件管理程序。

10.6.1　驱动器列表框和目录列表框

驱动器列表框和目录列表框是下拉式列表框，在工具箱中的图标如图 10-1 所示。

驱动器列表框　　目录列表框

图 10-1　驱动器列表框和目录列表框图标

1. 驱动器列表框

驱动器列表框及后面介绍的目录列表框、文件列表框有许多标准属性，包括 Enabled、FontBold、FontItalic、FontName、FontSize、Height、Name、Top、Visible、Width。此外，驱动器列表框还有一个 Drive 属性，用来设置或返回所选择的驱动器名。Drive 属性只能用程序代码设置，不能通过属性窗口设置。其格式为：

```
驱动器列表框名称.Drive[=驱动器名]
```

"驱动器名"是指定的驱动器，如果省略，则 Drive 属性是当前驱动器。如果所选择的驱动器在当前系统中不存在，则产生错误。运行界面如图 10-2 所示。

每次重新设置驱动器列表框的 Drive 属性时，都将引发 Change 事件。驱动器列表框的默认名称为 Drive1，其 Change 事件过程的开头为 Drive1_Change( )。

2. 目录列表框

目录列表框用来显示当前驱动器上的目录结构。则建立时显示当前驱动器的顶层目录和当前目录。顶层目录用一个打开的文件夹表示，当前目录用一个加了阴影的文件夹来表示，当前目录下的子目录用合着的文件夹来表示，如图 10-3 所示。

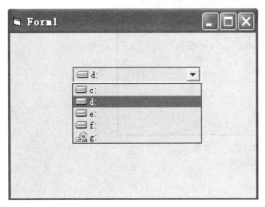

图 10-2　驱动器列表框（运行期间）　　　　　图 10-3　目录列表框（设计阶段）

在 Visual Basic 中建立目录列表框时，当前目录为 Visual Basic 的安装目录（如"vb98""VB60"等）。程序运行后，双击顶层目录（这里是"c:\"），就可以显示根目录下的子目录名，双击某个子目录，就可以把它变为当前目录。

在目录列表框中只能显示当前驱动器上的目录。如果要其他驱动器上的目录，必须改变路径，即重新设置目录列表框的 Path 属性。

Path 属性适用于目录列表框和文件列表框，用来设置或返回当前驱动器的路径，其格式为：

```
[窗体.] 目录列表框.| 文件列表框.Path [="路径"]
```

"窗体"是目录列表框所在的窗体，如果省略，则为当前窗体。如果省略"＝路径"，则显示当前路径。例如：

```
Print  Dir1.Path
```

Path 属性只能在程序代码中设置，不能在属性窗口中设置。对目录列表框来说，当 Path 属性值改变时，将引发Change 事件；对文件列表框来说，如果改变 Path 属性，将引发 PathChange 事件（见后）。

驱动器列表框与目录列表框有着密切关系。在一般情况下，改变驱动器列表框中的驱动器名后，目录列表框中的目录应当随之变为该驱动器上的目录，也就是使驱动器列表框和目录列表框产生同步效果。这可以通过一个简单的语句来实现。

如前所述，当改变驱动器列表框的 Drive 属性时，将产生 Change 事件。当 Drive 属性改变时，Drive_Change 事件过程就发生反应。因此，只要把 Drive1.Drive 的属性值赋给 Dir1.Path，就可产生同步效果。即

```
Private  Sub Drive1_Change( )
    Dir1.Path=Drive1.Drive
End Sub
```

例如，在窗体上画一个驱动器列表框，然后画一个目录列表框，并编写上面的事件过程。

程序运行后，在驱动器列表框中改变驱动器名，目录列表框中的目录立即随之改变。如图 10-4 所示。

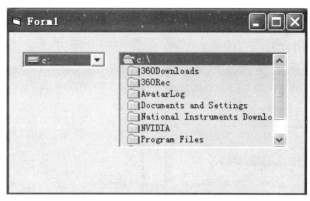

图 10-4　驱动器列表框和目录列表框的同步

10.6.2　文件列表框

用驱动器列表框和目录列表框可以指定当前驱动器和当前目录，而文件列表框可以用来显示当前目录下的文件（可以通过 Path 属性改变）。

文件列表框的默认控件名是 File1。在工具箱中，文件列表框的图标如图 10-5 所示。

图 10-5　文件列表框图标

1. 文件列表框属性

（1）Path 属性：显示该路径下的文件

重新设置 Path 属性引发 PathChange 事件。

（2）Pattern 属性：显示文件的类型

```
[窗体.]文件列表框名.Pattern [= 属性值]
```

重新设置 Pattern 属性引发 Pattern_Change 事件。

例如：filFile.Pattern = "*.frm"，显示*.frm 文件。多个文件类型用分号；分界。例如："*.frm;*.frx"。

（3）FileName 属性：用来在文件列表框中设置或返回某一选定的文件名称

格式：[窗体.][文件列表框名.] FileName [= 文件名]

引用时只返回文件名，相当于 fileFile.List（filFile.ListIndex），需用 Path 属性得到其路径；设置时可带路径。

例如：要从文件列表框中获得全路径名，代码如下：

```
If  Right(File1.Path,1)="\"  Then
   Name$=File1.path&File1.Filename
Else
   Name$=File1.path&"\"&File1.Filename
```

```
    End If
```
（4）ListCount 属性

格式：［窗体.］控件. ListCount

这里的"控件"可以是组合框、目录列表框、驱动器列表框或文件列表框。ListCount 属性返回控件内所列项目的总数。该属性不能在属性窗口中设置，只能在程序代码中使用。

（5）ListIndex 属性

格式：［窗体.］控件. ListIndex ［=索引值］

（6）List 属性

格式：［窗体.］控件. List（索引）［=字符串表达式］

Click、DblClick 事件举例如下。

例如，单击输出文件名：

```
    Sub filFile_Click( )
        MsgBox filFile.FileName
    End Sub
```

例如，双击执行可执行程序：

```
    Sub filFile_DblClick( )
        ChDir (dirDirectory.Path)              '改变当前目录
        RetVal = Shell(filFile.FileName, 1)    '执行程序
    End Sub
```

2. 驱动器列表框、目录列表框及文件列表框的同步操作

在实际应用中，驱动器列表框、目录列表框和文件列表框往往需要同步操作，这可以通过 Path 属性的改变引发 Change 事件来实现。例如：

```
Private  Sub  Dir1_Change( )
    File1.Path=Dir1.Path
End Sub
```

该事件过程使窗体上的目录列表框 Dir1 和文件列表框 File1 产生同步。

类似地，增加下面的事件过程，就可以使 3 种列表框同步操作：

```
Private  Sub  Drive1_Change( )
    Dir1.Path=Drive1.Drive
End Sub
```

3. 执行文件

文件列表框接收 DblClick 事件。利用这一点，可以执行文件列表框中的某个可执行文件。也就是说，只要双击文件列表框中的某个可执行文件，就能执行该文件。这可以通过 Shell 函数来实现。例如：

```
Private  Sub  File1_DblClick( )
    x=Shell(File1.FileName,1)
End Sub
```

过程中的 FileName 是文件列表框中被选择的可执行文件的名字，双击该文件名就能执行。

10.6.3 文件系统控件的应用

【例10-3】用文件系统控件实现文件管理。窗体上有1个驱动器列表框、1个目录列表框、1个文件列表框、1个框架和3个复选框，运行界面如图10-6所示。

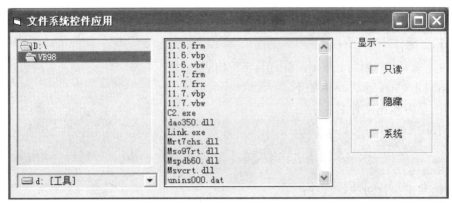

图 10-6 例 10-3 的运行界面

根据程序需要，驱动器列表框、目录列表框和文件列表框三者发生联动，必须在程序中编写驱动器列表框和目录列表框的 Change 事件代码，具体的操作步骤如下：

① 在窗体中添加所需控件，修改相关控件的属性。

② 编写代码，实现同步。

```
Private Sub Dir1_Change( )
  File1.Path = Dir1.Path
End Sub
Private Sub Drive1_Change( )
  Dir1.Path = Drive1.Drive
End Sub
```

③ 编写"隐藏"复选框的单击事件过程代码。

```
Private Sub Check2_Click( )
If Check2.Value = 0 Then
  File1.Hidden = False
ElseIf Check2.Value = 1 Then
  File1.Hidden = True
End If
End Sub
```

④ 编写"只读"复选框的单击事件过程代码。

```
Private Sub Check1_Click( )
If Check1.Value = 0 Then
  File1.ReadOnly = False
ElseIf Check1.Value = 1 Then
  File1.ReadOnly = True
```

```
End If
End Sub
```

⑤ 编写"系统"复选框的单击事件过程代码。

```
Private Sub Check3_Click( )
If Check3.Value = 0 Then
  File1.System = False
ElseIf Check3.Value = 1 Then
  File1.System = True
End If
End Sub
```

10.7　文件基本操作

1. FileCopy 语句（复制文件）

格式：FileCopy　source，destination
功能：复制一个文件。
说明：FileCopy 语句不能复制一个已打开的文件。

2. Kill 语句（删除文件）

格式：Kill　pathname
功能：删除文件。
说明：pathname 中可以使用通配符"*"和"?"。
例如：Kill　"*.TXT"

3. Name 语句（文件（目录）重命名）

格式：Name　oldpathname　As　newpathname
功能：重新命名一个文件或目录。
说明：
① Name 具有移动文件的功能。
② 不能使用通配符"*"和"?"，不能对一个已打开的文件上使用 Name 语句。

● 习　题 10

一、选择题

1. 以下关于文件的叙述中，错误的是（　　　）。
A. 顺序文件中的记录是一个接一个地顺序存放
B. 随机文件中记录的长度是随机的
C. 执行打开文件的命令后，自动生成一个文件指针
D. LOF 函数返回给文件分配的字节数
2. 以下关于文件的叙述中，正确的是（　　　）。

A. 一个记录中所包含的各个元素的数据类型必须相同

B. 随机文件中的每个记录的长度是固定的

C. Open 命令的作用是打开一个已经存在的文件

D. 使用 Input 语句可以从随机文件中读取数据

3. 按文件的内容划分有（　　　）。

A. 顺序文件和随机文件　　　　　　　　B. ASCII 文件和二进制文件

C. 程序文件和数据文件　　　　　　　　D. 磁盘文件和打印文件

4. 在用 Open 语句打开文件时，如果省略"For 方式"，则打开的文件的存取方式是(　　　)。

A. 顺序输入方式　　　B. 顺序输出方式　　　C. 随机存取方式　　　D. 二进制方式

5. 能对顺序文件进行输出操作的语句是（　　　）。

A. Put　　　　　　　　B. Get　　　　　　　　C. Write #　　　　　　　D. Read

6. 文件列表框中用于设置或返回所选文件的路径和文件名的属性是（　　　）。

A. File　　　　　　　B. FilePath　　　　　　C. Path　　　　　　　D. FileName

7. 在窗体上画一个命令按钮，然后编写如下代码：

```
Private Sub Command1_Click( )
    Dim MaxSize,NextChar,MyChar
    Open "d:\temp\female.txt" For Input As #1
    MaxSize=LOF(1)
    For NextChar=MaxSize To 1 Step
      Seek #1,NextChar
      MyChar=Input(1,#1)
    Next NextChar
    Print EOF(1)
    Close #1
End Sub
```

程序运行后，单击命令按钮，其输出结果为（　　　）。

A. True　　　　　　　B. False　　　　　　　C. 0　　　　　　　D. Null

二、填空题

1. 根据不同的标准，文件可分为不同的类型。例如，根据数据性质，可分为＿＿＿＿文件和＿＿＿＿文件；根据数据的存取方式和结构，可分为＿＿＿＿文件和＿＿＿＿文件；根据数据的编码方式，可分为＿＿＿＿文件和＿＿＿＿文件。

2. 打开文件所使用的语句为＿＿＿＿。在该语句中，可以设置的输入/输出方式包括＿＿＿＿、＿＿＿＿、＿＿＿＿、＿＿＿＿和＿＿＿＿，如果省略，则为＿＿＿＿方式。存取类型分为＿＿＿＿、＿＿＿＿和＿＿＿＿三种。

3. 顺序文件通过＿＿＿＿语句或＿＿＿＿语句把缓冲区中的数据写入磁盘中，但只有在满足三个条件之一时才写盘，这三个条件是＿＿＿＿、＿＿＿＿和＿＿＿＿。

4. 在 Visual Basic 中，顺序文件的读操作通过＿＿＿＿、＿＿＿＿语句或＿＿＿＿函数实现。随机文件的读写操作分别通过＿＿＿＿和＿＿＿＿语句实现。

5. 在窗体上画一个驱动器列表框、一个目录列表框和一个文件列表框，其名称分别为

Drive1、Dir1 和 File1，为了使它们同步操作，必须触发_____事件和_____事件，在这两个事件中执行的语句分别为_____和_____。

6. 下列程序的功能是把文件 D:\a1.txt 复制成 D:\a2.txt，请填空。

```
Private  Sub  Form_Click( )
    Dim ch As String
    Open "d:\a1.txt" For_____
    Open "d:\a2.txt" For_____
    Do While Not_____
        ch=Input(1,10)
        Print #20,ch;
    Loop
    Close #10,#20
End Sub
```

三、程序设计题

1. 某单位全年每次报销的经费（假定为整数）存放在一个磁盘文件中，试编写一个程序，从该文件中读出每次报销的经费，计算其总和，并将结果存入另一个文件中。

2. 编写程序，按下列格式输出月历，并把结果放入一个文件中：

SUN	MON	TUE	WED	THU	FRI	SAT
1	2	3	4	5	6	7
8	9	10	11	12	13	14
15	16	17	18	19	20	21
22	23	24	25	26	27	28
29	30	31				

3. 在窗体上画六个标签、两个文本框、一个组合框（其 Style 属性设置为 2）、两个命令按钮，以及一个驱动器列表框、一个目录列表框和一个文件列表框，如图 10-7 所示。然后按以下要求设计程序。

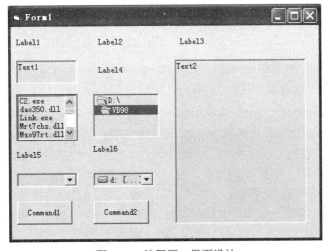

图 10-7　编程题 3 界面设计

（1）程序运行后，可以在"目录："下面的标签中列出当前路径。组合框设置为下拉式列表框，在组合框中有 3 项供选择，分别为"所有文件（*.*）""文本文件（*.TXT）"和"Word文档（*.DOC）"，在文件列表框中列出的文件类型与组合框中显示的文件类型相同。

（2）可以通过单击驱动器列表框和双击目录列表框进行选择，使文件列表框中显示相应目录中的文件，所显示的文件类型由组合框中的当前项目确定。

（3）单击文件列表框中的一个文件名，该文件名即可以"文件名称："下面的文本框显示出来。

（4）单击"读文件"按钮，可使"文件名称："下面文本框中所显示的文件（文本文件）的内容在右面的文本框中显示出来，此时可以对该文本进行编辑。

（5）单击"保存"按钮，编辑后的文件内容可以保存到由目录列表框指定的路径由文件列表框指定的文件（该文件显示在"文件名称："下面的文本框中），如图 10-8 所示。

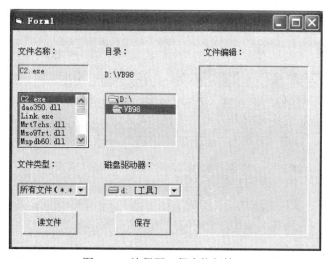

图 10-8　编程题 3 程序执行情况

第11章

用户界面设计

用户界面是应用软件和用户之间的接口，是应用的一个重要组成部分。对普通用户来说，他们并不关心应用软件的内部实现机制，用户界面就是其所感觉到的应用软件。因此，应用程序的可用性主要取决于用户界面的设计。应用软件的界面主要包括菜单、对话框、工具栏、状态栏、多重窗体和多重文档等。

本章主要阐述如何使用 Visual Basic 提供的技术设计应用程序的菜单、对话框、多重文档界面、工具栏和状态栏。

11.1 菜单的设计

菜单是应用软件用户界面的一个重要组成部分，如，使用 Visual Basic 执行新建工程、打开工程、另存为工程等操作时，都要用到菜单命令。在应用软件中，菜单实质上代表的是程序的各种命令，提供了人机对话界面，方便使用者选择应用系统的各种功能，控制应用程序各种功能模块的运行。因此，在进行界面设计时，一般要将功能类型一致的命令放在同一个子菜单中，功能类型不同的命令放在不同的子菜单中。另外，在设计菜单时，要考虑到用户的使用习惯，程序菜单应尽可能与别的 Windows 程序菜单相一致。

菜单可分为下拉式菜单和弹出式菜单两种基本类型。

11.1.1 下拉式菜单

1. 下拉式菜单的组成

下拉式菜单的组成如图 11-1 所示，它是由主菜单、主菜单项、子菜单等组成。子菜单可分为一级子菜单、二级子菜单直到五级子菜单。每级子菜单由菜单项、快捷键、分隔条、子菜单提示符等组成。有关菜单的一些术语如下：

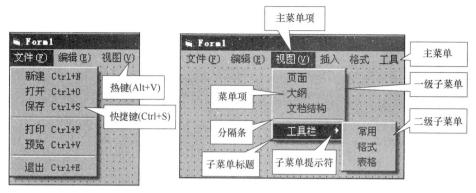

图 11-1　下拉式菜单的组成

① 菜单项：所有子菜单的基本元素都是菜单项，每个菜单项代表一条命令。

② 分隔条：分隔条为一条横线，用于在子菜单中区分不同功能的菜单项组，使菜单项功能一目了然，并且方便操作。

③ 快捷键：为每个最底层的菜单项设置快捷键后，可以在不用鼠标操作菜单项的情况下，通过快捷键直接执行相应的命令。

④ 热键：热键是在鼠标失效时，为用户操作菜单项提供的按键选择，使用热键时，须与 Alt 键同时使用。

⑤ 子菜单提示符：如果某个菜单项后有子菜单，则在此菜单项的右边出现一个向右指示的小三角子菜单提示符。

2. 下拉式菜单的设计

Visual Basic 通过菜单编辑器进行菜单的设计，使用菜单编辑器可以进行创建新的菜单和修改、添加和删除已有的菜单，还可以在已有的菜单上增加新命令，用自己的命令替换已有的菜单命令等。菜单编辑器的界面如图 11-2 所示。为了全面了解菜单编辑器的用法，先对菜单编辑器的属性设置及按钮功能作详细说明（表 11-1）。

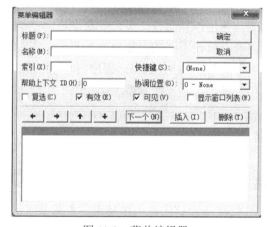

图 11-2　菜单编辑器

表 11-1　菜单编辑器的属性说明

属性或按钮	说　　明
标题	控件的说明属性，标题显示在菜单或菜单项中。若菜单项为分隔符，标题为一个连字符（-）；若菜单项中需要设置热键，则用"&大写字母"
名称	为菜单项的标识符，即控件的名字属性，仅用于访问代码中的菜单项，不会出现在菜单中
索引	设置菜单控件数组的下标，所有的菜单名称都相同，用不同的 Index 表示菜单项
快捷键	允许为每个命令选定快捷键，即通过键盘来选择某个菜单项
复选	当"复选"属性设置为 True 时，在相应的菜单项旁加上"√"，以表明该菜单项处于活动状态
有效	用来设置菜单项是否可用，当该属性设置为 False 时，相应的菜单项呈灰色，表明不可用，不会响应相应的事件
可见	设置该菜单项是否可见。不可见的菜单项不能执行相应的命令
协调位置	决定是否及如何在容器窗体中显示菜单
显示窗口列表	在 MDI 应用程序中，菜单控件是否包含一个打开的 MDI 子窗口
帮助上下文	可选项，取值为数值，用来调用为菜单项准备的帮助文件的标题页 若用户按下 F1 键，则该数值用来定位和显示帮助文件
插入	在选中位置插入一个新的菜单项
删除	删除一个菜单项

【例 11-1】设计图 11-1 所示的菜单。

下面详细介绍图 11-1 所示菜单的设计过程来说明如何设计用户所需要的菜单，其步骤为：

① 单击"文件"的"新建工程"命令，在弹出的窗口中选择"标准 EXE"，单击"确定"按钮，进行窗体设计窗口。

② 右键单击当前窗体，在弹出式菜单中选择"菜单编辑器"选项，或单击"工具"菜单中的"菜单编辑器"选项，弹出如图 11-2 所示的菜单编辑器窗口。

③ 先设计一级菜单：首先在"标题"文本框中输入"文件（&F）"，在"名称"文本框中输入"menuFile"；单击"下一个"按钮，继续在"标题"文本框中输入"编辑（&E）"，在"名称"文本框中输入"menuEdit"；重复这个过程，直到所有的一级菜单都设计完。

④ 接着设计二级菜单：单击"编辑（&E）"，再单击"插入"按钮，这时在"文件（&F）"出现一个新的设计菜单栏。单击向右的箭头"→"按钮，会出现了一排小点，这样就可以开始建立第二级菜单。在"标题"栏中输入"新建"，在"名称"栏中输入"menuNewFile"，快捷键设置为"Ctrl+N"；单击"插入"按钮，插入一新的菜单项，在"标题"栏中输入"打开"，"名称"设置为"menuFileOpen"，快捷键设置为"Ctrl+O"。重复上述操作，直至所有"文件"菜单下的二级子菜单添加完毕。

⑤ 设计好菜单后，需要编写菜单项的事件过程，最常用的事件为 Click 事件，这部分在本章的后续部分介绍。

注意：当通过菜单编辑器设计的菜单和所需要的菜单不一致时，可以通过菜单设计窗口中的 4 个箭头按钮调整菜单，"↑"和"↓"按钮用于调整菜单项的位置，"→"和"←"用于降低和提高菜单的级别。

11.1.2 弹出式菜单

弹出式菜单是指当用户在窗体的某个对象上单击鼠标右键时，弹出的和该对象相关的菜单。它是独立于菜单栏的浮动菜单，因此，也称为上下文菜单。任何至少有一个菜单项的菜单，都可在运行时显示为弹出式菜单。

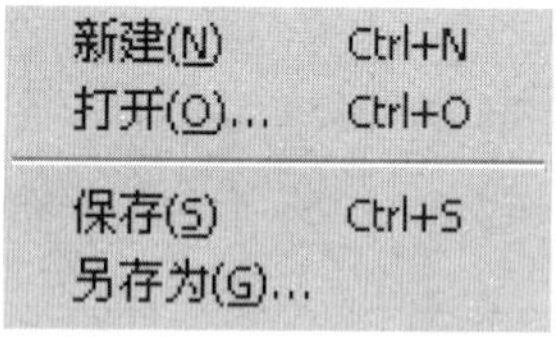

新建(N)	Ctrl+N
打开(O)...	Ctrl+O
保存(S)	Ctrl+S
另存为(G)...	

图 11-3 弹出式菜单

【例 11-2】设计一个弹出式"用户"菜单（图 11-3），当用户在窗口中右键单击窗体中时，激活此菜单。

生成弹出菜单主要分为三步：

① 在菜单编辑器中添加菜单，添加的方法与下拉菜单相同，唯一的区别是顶级菜单不勾选"可见"选项。我们设计的顶级菜单名为 menuPopup。

② 在"鼠标"事件中检测到单击鼠标右键后，执行命令：

```
PopupMenu 菜单名,Flags,x,y
```

PopupMenu 命令的参数说明见表 11-2。

表 11-2 PopupMenu 命令的常用参数说明

名称	是否可选	说　　明
菜单名	必选	指定要显示的弹出式菜单名
x、y	可选	指定弹出式菜单的 x、y 坐标，若省略，则使用鼠标的当前坐标
Flags	可选	取值为数值或常数，用来指定弹出菜单的行为和位置

要在右键单击窗体中时激活此菜单，需要增加如下的事件代码：

```
Private Sub Form_MouseUp(Button As Integer, Shift As Integer, X As Single,
Y As Single)
    If Button = 2 Or vbRightButton Then
      PopupMenu menuPopup
    End If
End Sub
```

③ 为各菜单项事件编写代码，编码的方式与下拉菜单的代码编写一样。

11.2 对话框的设计

Windows 应用程序中的对话框主要起到显示信息和提示用户输入运行程序所必需的数据等功能，主要包括两种：通用对话框和自定义对话框。

11.2.1 通用对话框的设计

通用对话框在 Visual Basic 中被制作成 ActiveX 控件，这一控件可利用 Windows 的资源，进行打开、保存文件，设置字体、颜色及设置打印机等操作。如果自己编写了帮助文档，还可通过它进行显示。通用对话框的类型见表 11-3。通过使用通用对话框控件，编程人员可以轻松地把 Windows 的标准对话框加入自己的应用程序中。图 11-4 所示为一个通用的"打开"文件对话框。

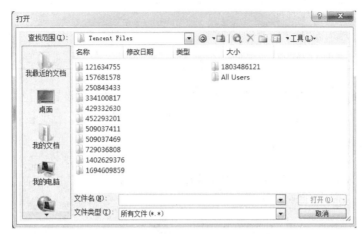

图 11-4 "打开"文件对话框

表 11-3 通用对话框的类型

对话框类型	方法	Action 值
"打开"文件对话框	ShowOpen	1
"另存为"对话框	ShowSave	2
"颜色"对话框	ShowColor	3
"字体"对话框	ShowFont	4
"打印"或"打印选项"对话框	ShowPrinter	5
Windows 帮助引擎对话框	ShowHelp	6

【例 11-3】在例 11-1 的基础上，实现单击"打开""保存"和"打印"菜单项，弹出"打开"文件对话框、"另存为"对话框和"打印"对话框。

具体的实现过程为

① 打开"控件"面板，若"控件"面板中不包含 CommonDialog 控件，则通过右键单击该面板，在弹出的菜单中执行"部件…"，在"部件"对话框中通过选中"Microsoft Common Dialog Control 6.0"，在工具箱中添加 CommonDialog 控件。

② 将 CommonDialog 控件添加到窗体上，控件命名为 CommonDialog1。注意，CommonDialog 控件在窗体上将显示为一个图标，它的大小不能改变，在程序运行时不可见。

③ 修改 CommonDialog 控件的属性。下面介绍"打开"和"另存为"文件 CommonDialog 控件的常用属性（表 11-4），其他类型的通用对话框读者可进一步参考相关的文献。

表 11-4 文件对话框的常用属性

属性	功　　能
Filter	指定在"文件类型"下拉列表中显示的文件过滤器列表。设置格式： 描述 1|过滤器 1|描述 2|过滤器 2…

续表

属性	功 能
FileName	用户在对话框中选择打开的文件的路径名
DialogTitle	设置对话框的标题
InitDir	设置对话框的初始化文件目录
CancelError	设置用户选择"取消"按钮时是否发生错误

CommonDialog 控件的属性可以在控件的"属性"页中直接设置，也可以在程序中进行设置，在本例中，对三个通用对话框使用一个控件，因此，在下一步编写事件程序时进行设置。

④ 编写菜单项对应的程序。

菜单项"打开"对应的 Click 事件代码为：

```
Private Sub openFile_Click( )
    With CommonDialog1
        .CancelError = False
        .DialogTitle = "打开"
        .Filter = "所有文件(*.*)|*.*"
        .ShowOpen
        Label1.Caption = "打开的文件名为:" & .FileName
    End With
End Sub
```

说明：对话框通过属性 FileName 返回打开的文件名及该文件所在的路径。

菜单项"保存"对应的 Click 事件代码为：

```
Private Sub fileSave_Click( )
    With CommonDialog1
        .CancelError = False
        .DialogTitle = "保存"
        .Filter = "所有文件(*.*)|*.*"
        .ShowSave
        Label1.Caption = "保存的文件名为:" & .FileName
    End With
End Sub
```

菜单项"打印"对应的 Click 事件代码为：

```
Private Sub filePrint_Click( )
    With CommonDialog1
        .CancelError = False
        .DialogTitle = "打印"
        .ShowPrinter
        Label1.Caption = "打印的份数为:" & .Copies & " 打印的起始页:" & .FromPage
    End With
End Sub
```

说明：打印对话框的常用返回值的属性见表 11-5。

表 11-5　打印对话框返回值的属性

属性	功　能
Copies	打印的份数
FromPage	打印的起始页
ToPage	打印的终止页
Hdc	所选打印机的设备描述标识号

11.2.2　自定义对话框

自定义对话框是由用户自己创建的含有控件的窗体，它与普通窗体的区别主要在于自定义对话框没有控制菜单框、最大化按钮和最小化按钮，边框不能改变。例如，Microsoft Word "编辑" 菜单下的 "查找" 命令弹出的窗口就是一个自定义对话框，如图 11-5 所示。

图 11-5　自定义对话框示例

自定义对话框分为两种类型，即模式自定义对话框和无模式自定义对话框。模式对话框一般用来显示重要消息，它在可以继续操作应用程序的其他部分之前，必须先被关闭。例如，一个对话框在可以切换到其他窗体或对话框之前，要求单击 "确定" 或 "取消" 按钮，则它是模式的。

下面通过一个例子介绍自定义对话框的设计过程。

【例 11-4】在例 11-1 的基础上，设计一个图 11-5 所示的对话框，当单击 "编辑" 菜单下的 "查找" 命令时，弹出该对话框。

① 单击 "工程" 菜单下的 "添加窗体"，在弹出的窗口中选择 "对话框" 来新建一个标准的对话框，将对话框命名为 "searchOption"，对话框的属性设置见表 11-6。然后根据需要，自行设计对话框的外观和功能。

表 11-6　自定义对话框属性设置

属性	属性值	说　明
BorderStyle	1	边框固定，以防运行时改变对话框尺寸
ConrolBox	Fasle	取消控制菜单框
MaxButton	Fasle	取消最大化按钮
MinButton	Fasle	取消最小化按钮

② 显示对话框。对话框就是一种窗体，因此可以像窗体一样进行加载、显示和隐藏。将该对话框显示为模式的 Show 方法格式为：

对象名.Show vbModal

若显示为无模式的对象框，则不需要 vbModal。在本例中，对应"查找"命令的 Click 事件代码为：

```
Private Sub Search_Click( )
    searchOption.Show
End Sub
```

③ 隐藏对话框。在对话框的需要隐藏窗口的按钮的事件代码中，增加一条窗口隐藏语句：

对象名.Hide

11.3 与多文档界面设计

11.3.1 多重窗体

对于较为简单的应用程序，一个窗体就足够了；对于复杂的应用程序，往往需要通过多重窗体（MultiForm）来实现。每一个窗体可以有不同的界面和程序代码，以完成不同的功能。如有的窗体用来输入数据，有的窗体用来显示结果等。

在工程中添加窗体的方法为：单击"工程"菜单下的"添加窗体"命令，或单击工具条上的"添加窗体"按钮，打开"添加窗体"对话框，如图 11-6 所示。单击"新建"选项卡，从列表框中选择一种新窗体的类型；或者单击"现存"选项卡，将属于其他工程的窗体添加到当前工程中。

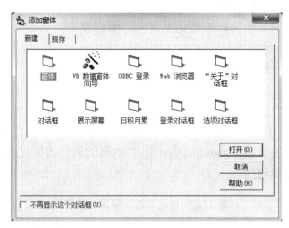

图 11-6 "添加窗体"对话框

多重窗体的操作需要在各个窗体之间进行切换，涉及窗体的"装入""显示""隐藏""删除"等操作。其常用的命令和方法有：

（1）Load 语句

Load 语句的作用是将一个窗体装入内存，但并不显示窗体，其语法格式为：

```
        Load   窗体名称
```

（2）Unload 语句

Unload 语句的功能与 Load 语句相反，是将窗体从内存中删除。Unload 语句的语法格式为：

```
        Unload   窗体名称
```

（3）Show 方法

Show 方法用于把已装入内存的窗体显示在屏幕上，它的语法格式为：

```
        [窗体名称.]Show  [模式]
```

（4）Hide 方法

Hide 方法用以隐藏窗体对象，它的语法格式为：

```
        [窗体名称.]Hide
```

注意：Hide 方法隐藏窗体时，它就从屏幕上被删除，并将其 Visible 属性设置为 False。用户将无法访问隐藏窗体上的控件，但是对于运行中的 Visual Basic 应用程序，或对于通过 DDE 与该应用程序通信的进程及对于 Timer 控件的事件，隐藏窗体的控件仍然是可用的。

有关多重窗体的界面和程序设计方法和单窗体的相同，在此不多赘述。

11.3.2 多文档界面（MDI）

文档的界面样式主要有两种：单文档界面（Single Document Interface，SDI）和多文档界面（Multiple Document Interface，MDI）。

Windows 的写字板是一个典型的单文档界面（SDI）应用程序。其特点为：每次只能打开一个文档，要打开另一个文档，必须关闭当前打开的文档。

多文档界面（MDI）是一种典型的 Windows 应用程序结构。多文档界面由一个父窗体（简称 MDI 窗体）和一个或多个子窗体组成。MDI 窗体作为子窗体的容器，子窗体包含在父窗体内，用来显示各自的文档。所有的子窗体都具有相同的功能。例如，Microsoft Word 就是一个 MDI 应用程序。

MDI 应用程序的子窗体包含在父窗体中，父窗体为应用程序的子窗体提供工作空间，每个子窗体都限制在父窗体范围之内，最小化父窗体时，所有子窗体也被最小化，但只有父窗体的图标显示在任务栏上，子窗体最小化时，它的图标显示在父窗体的工作区内，而不是任务栏中。

另外，使用 MDI 窗体要注意如下问题：

① MDI 与多重窗体不是一个概念。MDI 窗体是一个父窗体，可以包括多个子窗体，它与子窗体是"父子"；多重窗体程序中的窗体是彼此独立的，它们是一种"兄弟"关系。

② MDI 窗体中只能包括菜单、图片框控件、具有不可界面（如 Timer）的控件和具有 Align 属性的自定义控件。若要在 MDI 窗体中放置其他控件，需要先放置一个图片框控件，再把控件放置在图片框控件上。

11.3.3 MDI 窗体的 MDIChild 属性和 Arrange 方法

MDI 窗体除了具有单一窗体的属性、方法和事件之外，还具有自己独特的属性和方法，

下面介绍常用的 MDIChild 属性和 Arrange 方法。

① MDIChild 属性：用来设置该窗体是否是 MDI 窗体。若值为 True，则该窗体是 MDI 窗口的子窗体；若值为 False，则该窗体不是 MDI 窗口的子窗体。该属性不能在程序代码中设置或修改，只能在设计窗体中进行设置。

② Arrange 方法：用来设置 MDI 窗体中的子窗体的排列方式，其语法结构为：

```
MDI 窗体名.Arrange 方式
```

其中，"方式"的取值为：

0：重叠排列所有未最小化的子窗体。

1：水平方向平铺所有未最小化的子窗体。

2：垂直方向平铺所有未最小化的子窗体。

3：已最小化的窗体排列为图标。

11.3.4　建立 MDI 应用程序

要开发一个 MDI 应用程序，必须先创建一个 MDI 窗体，然后创建子窗体，并编写相应的程序代码。其设计步骤一般如下：

1．创建 MDI 窗体

新建一个工程文件，单击"工程"菜单的"添加 MDI 窗体"，插入一个 MDI 窗体。一个应用程序中只能有一个 MDI 窗体，若已经在工程中添加了 MDI 窗体，则该命令不可用。

2．创建 MDI 子窗体

在建立工程文件时，会自动插入一个窗体 Form1。若没有 Form1，则首先插入一个普通窗体，然后将其 MDIChild 属性设置为 True，此时该窗体成为一个 MDI 子窗体。在设计阶段，子窗体独立于父窗体，与普通的 VB 窗体没有任何区别，可以在子窗体上增加控件、设置属性、编写代码。

在运行期间，MDI 窗体及其子窗体具有如下特性：

① 所有子窗体都只能在 MDI 窗体内部进行调整，不能超出 MDI 窗体之外。

② 最小化的子窗体出现在 MDI 窗体上，并不在桌面的任务栏上显示。最小化 MDI 窗体时，MDI 窗体在任务栏上显示为图标。在子窗体处于最小化和最大化之间时，每个子窗体都有自己的标题，当子窗体最大化时，其标题与 MDI 窗体的标题合并，并显示在 MDI 窗体的标题栏上。

③ 将 MDI 窗体的 AutoShowChildren 属性设置为 True，可以使子窗体在装入时自动显示。

④ 子窗体若有菜单，将显示在父窗体的菜单栏中。

3．指定活动子窗体和活动控件

使用 MDI 窗体的 ActiveForm 属性，可返回具有焦点或最后激活的子窗体，当然，使用该属性时，应至少有一个子窗体已被加载或可见。当一个窗体中设置了几个控件时，也可指定活动控件。使用 ActiveControl 属性可返回子窗体上具有焦点的控件。

例如：从活动子窗体获得焦点的 RichTextBox 控件中剪切一段文本，MDI 窗体名为

MDIForm1，示例代码如下。

```
Clipboard.setText MDIForm1.ActiveForm.ActiveControl.SelText
```

4. 加载 MDI 窗体和子窗体

当加载子窗体时，父窗体会自动加载并显示出来；而加载父窗体时，子窗体并不会自动显示。可使用 AutoShowChildren 属性加载隐藏状态的子窗体。

在创建一个新工程时，会自动添加一个窗体 Form1，并且该窗体为默认的启动窗体。如果希望启动窗体是父窗体，可以通过下述步骤实现。

① 通过"工程"菜单下的"工程属性"命令。弹出工程属性对话框，如图 11-7 所示。

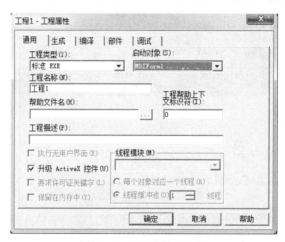

图 11-7 工程属性对话框

② 在"通用"选项卡中，选择"启动对象"为父窗体。

5. 用 QueryUnload 事件卸载 MDI 窗体

QueryUnload 事件在 MDI 窗体卸载之前被调用，然后每个打开的子窗体调用该事件。若此事件没有代码，则先卸载子窗体，然后再卸载 MDI 窗体。因此，该事件使得编程人员有机会在窗体卸载之前询问用户是否要保存窗体。

例如：子窗体中有一文本框，可设置一个全局标志来记录用户是否修改了文本框中的内容，然后在 QueryUnload 事件中检查此标志，若用户修改了文本框中的内容，则询问用户是否保存。

11.3.5 上下级菜单

在 MDI 应用程序中，父窗体和子窗体都可以添加菜单。父窗体的菜单为上级菜单，子窗体的菜单为下级菜单。上级菜单的功能通常只用对子窗体进行操作，而 MDI 应用程序的大部分功能都是由子窗体的菜单命令实现的。

每一个子窗体的菜单都显示在 MDI 窗体上，而不是在子窗体本身。当子窗体拥有焦点时，该子窗体的菜单（如果有的话）就代替了菜单栏上的 MDI 窗体的菜单。如果没有可见的子窗体，或者带有焦点的子窗体没有菜单，则显示 MDI 窗体的菜单。

如果子窗口有一组菜单项，需要这些菜单项都出现在父窗口的主菜单中，则可以创建作为子窗口窗体的主菜单。当激活子窗口时，其主菜单与父窗口的主菜单合并。

【**例 11-5**】MDI 应用程序有一个"窗口"菜单，设计一个"窗口"菜单，使用 Arrange 排列子窗口，并使用 WindowsList 显示子窗体清单，如图 11-8 所示。

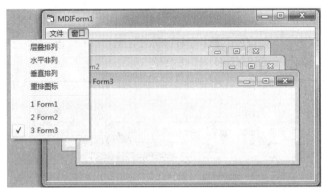

图 11-8　"窗口"设计示意图

具体实现步骤为：

① 新建一个工程，在工程中插入一个 MDI 窗体，命名为 MDIForm1，另外再插入两个窗体，三个窗体分别命名为 Form1、Form2、Form3，并设置这三个窗体的 MDIChild 属性为 True。

② 在 MDI 窗体中创建一个菜单，如图 11-9 所示。注意：在创建"窗口"菜单项时，注意选中"显示窗口列表"，这样在"窗口"中就会生成已打开的窗体列表子菜单项。

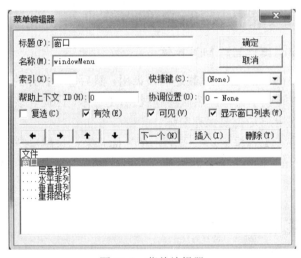

图 11-9　菜单编辑器

③ 对 MDIForm1 的 Load 事件和各菜单项的 Click 事件编写程序代码。

```
Private Sub MDIForm_Load( )
    Form1.Show
    Form2.Show
    Form3.Show
```

```
End Sub
Private Sub CascadeMenu_Click( )
    '层叠排列所有非最小化的窗体
    MDIForm1.Arrange 0
End Sub
Private Sub HorizontalMenu_Click( )
    '水平排列所有非最小化的窗体
    MDIForm1.Arrange 1
End Sub
Private Sub VerticalMenu_Click( )
    '垂直排列所有非最小化的窗体
    MDIForm1.Arrange 2
End Sub
Private Sub IconsMenu_Click( )
    '重排最小化的子窗体的图标
    MDIForm1.Arrange 3
End Sub
```

11.4　工具栏的设计

工具栏是由工具栏按钮对象组成的集合，在应用程序中，它实际上是最常用命令的快速访问的一种工具。比如，Visual Basic 工具栏中就提供了诸如"新建工程""打开工程""复制""粘贴""剪切"等常用命令的工具栏按钮。

制作工具栏有两种方法：

① 手工制作：利用图形框和命令按钮，这种方法比较烦琐。

② 通过 ToolBar、ImageList 控件制作。

11.4.1　手工创建工具栏

在窗体上手工创建工具栏，通常是用 PictureBox 控件作为工具栏容器，用 Image 控件作为工具栏按钮，然后分别对各个控件编写程序代码，使它们完成各自的功能。具体的设计方法如下：

① 在窗体或 MDI 窗体上放置 PictureBox 控件作为工具栏按钮的容器。若是普通窗体，则要将其 Align 的属性置为 1 或 2，图片框会自动伸展到窗体长度。若是 MDI 窗体，则不需要这一操作，它会自动伸展。需要注意的是，MDI 窗体上只能用图片框作为工具栏按钮的容器。

② 在 PictureBox 控件中放置 Image 控件作为工具栏的按钮。

③ 为工具栏上显示的每个控件设置 Picture 属性（将命令按钮的 Style 属性设置为 1，即图形方式），指定一个图片，可通过 ToolTipText 属性设置工具提示。

④ 调整工具栏的按钮位置和大小。

⑤ 编写代码。由于工具栏通常用于提供对其他命令的快捷访问，所以一般都是在工具栏 Click 事件中调用其他过程（如对应的菜单命令）。

11.4.2 使用工具栏控件制作工具栏

使用工具栏（ToolBar）按钮创建工具栏，既简单方面，又使应用程序的工具栏更标准、更专业。ToolBar 控件是 ActiveX 控件，必须添加到工具箱中才能使用。添加方法为：用 "工程" 菜单的 "部件" 打开对话框，选中 "Microsoft Windows Common Controls 6.0"，将设计工具栏和状态栏的一组相关控件添加到 VB 工具箱中。

创建工具栏要使用 ImageList 控件和 ToolBar 控件。具体的设计步骤为：

① 在窗体上添加一个 ImageList 控件和 ToolBar 控件。

② 设置 ImageList 控件的属性，插入 ToolBar 控件所需要的图像。

③ 设置 ToolBar 控件的属性，并把它和 ImageList 控件建立关联，完成工具栏的界面设计。

④ 分别对工具栏控件编写相应的程序代码。

1. ImageList 控件

ImageList 控件包含 ListImage 对象的集合，该对象具有集合对象的标准属性，如 Key、Index、Count，可用标准的集合方法如 Add、Remove、Clear 来操作。该集合中的每个对象都可以通过其索引或关键字被引用。ImageList 控件不能独立使用，只是作为一个便于向其他控件提供图像的资料中心。如工具栏控件（ToolBar）中的图像就是从 ImageList 控件中获取的。

ImageList 控件可添加的图片大小任意，不过在显示时大小都相同。一般来说，以加入该控件的第一幅图像的大小为标准。

要对 ImageList 控件的属性进行设置，一般通过右键单击窗体上的 ImageList 控件，在弹出式菜单中执行 "属性" 命令，弹出 ImageList 控件的属性页（图 11-10），设置该控件的属性。在将该控件与其他控件相关联之前，要先向其中添加图片。

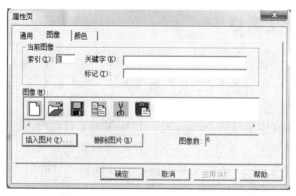

图 11-10 ImageList 控件的属性页

2. ToolBar 控件

ToolBar 控件包含一个按钮对象集合，该对象被用来创建与应用程序相关联的工具栏。工具栏包含一些按钮，这些按钮与应用程序菜单中各项的按钮对应，工具栏为用户访问应用程序的最常用功能和命令提供了图形接口。

用户使用 ToolBar 控件可以方便地在应用程序中创建工具条，该控件提供了许多属性来定制工具栏，表 11-7 介绍了工具栏控件的常用属性。

表 11-7　工具栏控件的常用属性

属性	使用说明
Align	设置工具栏在窗体上的位置。其取值为： 0：无对齐方式。可在程序中设置位置，若在 MDI 窗体上，则忽略该设置； 1：默认值，对象显示在窗体顶部； 2：对象显示在窗体底部； 3：对象显示在窗体左边
Buttons	返回一个 Button 对象的集合，可通过标准集合方法来操作。集合中的每个成员都可用其唯一索引（Index）或键值（Key）来表示
ImageList	工具栏相关联的 ImageList 控件
ShowTips	设置用户将鼠标放置在控件上时是否显示 ToolTips 提示信息。默认值为 True
Style	设置或返回工具栏式样，默认值为 0，即标准式样，工具栏上的按钮一直以 3D 效果显示；设置为 1 时，为平面式样，即当鼠标移到按钮上时，按钮才突出显示
TextAlignment	决定按钮文本是显示在图片下方（0），还是右侧（1）。默认值为 0，即文本在图片下方
Wrappable	设置或返回当窗体大小改变时，工具栏是否自动执行。默认值为 True

在设计工具栏时，一般通过右键单击窗体上的工具栏，在弹出式菜单中执行"属性"命令，在 ToolBar 控件的属性页进行设置，如图 11-11 所示。

图 11-11　ToolBar 控件的属性页

【例 11-6】设计一个简单文档编辑应用程序。运行界面如图 11-12 所示。读者可以按照步骤进行开发，领会应用程序界面的设计方法。

具体开发步骤如下：

① 新建一个工程。

② 利用菜单编辑器设计应用程序菜单，菜单结构为（括号中为菜单项的名称）：

● "文件（FileMenu）"：包括"新建（NewMenu）""打开（OpenMenu）""保存（SaveMenu）"

Visual Basic 程序设计

图 11-12 文档编辑器运行界面

"退出（ExitMenu）"四个菜单项。

● "格式"：包括"字体（FontMenu）""颜色（ColorMenu）"两个菜单项。

● "编辑"：包括"复制（CopyMenu）""剪切（CutMenu）""粘贴（PasteMenu）"三个菜单项。

③ 在窗体中插入一个 ImageList 控件 ImageList1，利用 ImageList 控件的属性页添加 6 个图片，如图 11-12 所示，分别设置它们的索引为 1～6。

④ 在窗体中插入一个 ToolBar 控件 ToolBar1，利用 ToolBar 控件的属性页进行设置，先在"通用"选项卡中设置图像列表为 ImageList1（图 11-10）；再在"按钮"选项卡中单击"插入按钮"插入 6 个按钮，在"图像"后输入对应 ImageList1 的图像索引 1～6，关键字分别设为"新建""打开""保存""复制""剪切""粘贴"（如图 11-13 所示）。

第③和④步完成了工具栏的设计。

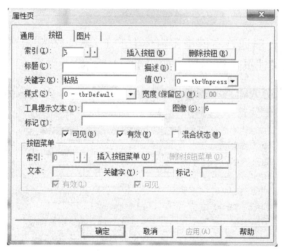

图 11-13　ToolBar 控件的属性页

⑤ 在窗体中插入一个 RichTextBox 控件 RichTextBox1，并调整它的大小，用于文档的编辑。再在窗体中插入一个 CommonDialog 控件 CommonDialog1，用于实现"打开""保存""字体""颜色"等通常对话框的生成。

⑥ 编写相应的程序代码。

```
'Form 的 Resize 事件代码,当改变窗体大小时,调整 RichTextBox1 的大小
Private Sub Form_Resize( )
    RichTextBox1.Left = 0
    RichTextBox1.Top = Toolbar1.Height
    RichTextBox1.Height = Form1.ScaleHeight - Toolbar1.Height
    RichTextBox1.Width = Form1.ScaleWidth
```

```
End Sub
'下面是各菜单对应的 Click 事件
'"颜色"菜单项对应的 Click 事件
Private Sub ColorMenu_Click( )
    With CommonDialog1 '利用公共对话框控件打开系统颜色对话框
        .DialogTitle = "颜色"
        .CancelError = False
        .Flags = &H2
        .ShowColor
        RichTextBox1.SelColor = .Color    '设置选择文本的颜色为用户选中的颜色
    End With
End Sub
'"复制"菜单项对应的 Click 事件,利用了系统剪切的 Clipboard 对象
Private Sub CopyMenu_Click( )
    On Error Resume Next
    Clipboard.SetText RichTextBox1.SelRTF
End Sub
'"剪切"菜单项对应的 Click 事件,利用了系统剪切的 Clipboard 对象
Private Sub CutMenu_Click( )
    On Error Resume Next
    Clipboard.SetText RichTextBox1.SelRTF
    RichTextBox1.SelText = vbNullString
End Sub
'"退出"菜单项对应的 Click 事件
Private Sub ExitMenu_Click( )
    Dim result As Integer
    If Me.Caption = "新文件" And RichTextBox1.Text = "" Then '判断用户是否修
改了文件
        Unload Me
    Else '若用户修改了文件,则弹出消息框询问用户是否要保存文件
        result = MsgBox("您已经对文件作了修改,要保存吗?", vbYesNoCancel, "提示")
        Select Case result
            Case 6 '用户单击了 Yes 按钮
                SaveMenu_Click
            Case 2 '用户单击了 Cancel 按钮
                Exit Sub
            Case 7 '用户单击了 No 按钮
                Unload Me
        End Select
    End If
End Sub
```

```
'"字体"菜单项对应的 Click 事件
Private Sub FontMenu_Click( )
    CommonDialog1.Flags = cdlCFBoth + cdlCFEffects
    CommonDialog1.ShowFont
    '利用公共对话框控件打开字体对话框,根据用户选择的字体设置格式文本框的字体属性
    With RichTextBox1
        .SelFontName = CommonDialog1.FontName
        .SelFontSize = CommonDialog1.FontSize
        .SelBold = CommonDialog1.FontBold
        .SelItalic = CommonDialog1.FontItalic
        .SelStrikeThru = CommonDialog1.FontStrikethru
        .SelUnderline = CommonDialog1.FontUnderline
    End With
End Sub
'"新建"菜单项对应的 Click 事件
Private Sub NewMenu_Click( )
    RichTextBox1.Text = "" '将格式文本框中的内容清空,修改窗体标题栏
    Me.Caption = "新文件"
End Sub
'"打开"菜单项对应的 Click 事件
Private Sub Openmenu_Click( )
    Dim sfile1 As String
    With CommonDialog1 '利用公共对话框控件打开系统对话框
        .DialogTitle = "打开"
        .CancelError = False
        .Filter = "Rich Text 文件 (*.rtf)|*.rtf"
        .ShowOpen
        If Len(.FileName) = 0 Then Exit Sub
        sfile1 = .FileName '取得要打开文件的名字
    End With
    RichTextBox1.LoadFile sfile1
    Me.Caption = sfile1
End Sub
'"粘贴"菜单项对应的 Click 事件
Private Sub Paste_Click( )
    On Error Resume Next
    RichTextBox1.SelRTF = Clipboard.GetText
End Sub
'"保存"菜单项对应的 Click 事件
Private Sub SaveMenu_Click( )
    With CommonDialog1 '利用公共对话框控件打开保存对话框
```

```
            .DialogTitle = "保存"
            .CancelError = False
            .Filter = "Rich Text 文件 (*.rtf)|*.rtf"
            .ShowSave
            If Len(.FileName) = 0 Then Exit Sub
                sfile2 = .FileName '取得保存新文件的名字
        End With
        RichTextBox1.SaveFile sfile2
    End Sub
    '"工具栏"对应的按钮 Click 事件,调用相应的菜单项的 Click 过程
    Private Sub Toolbar1_ButtonClick(ByVal Button As MSComctlLib.Button)
        On Error Resume Next
        Select Case Button.Key
        Case "新建"
            NewMenu_Click
        Case "打开"
            OpenMenu_Click
        Case "保存"
            SaveMenu_Click
        Case "复制"
            CopyMenu_Click
        Case "剪切"
            CutMenu_Click
        Case "粘贴"
            Paste_Click
        End Select
    End Sub
```

11.5 状态栏的设计

状态栏也是 Windows 程序设计的典型风格。状态栏一般位于窗体的底部，用于显示应用软件当前的各种状态。Visual Basic 提供的 StatusBar 控件可以帮助设计人员快速、简便地完成状态栏设计。

1. StatusBar 控件

StatusBar 控件提供一个长方形的状态栏，它本身就是一个窗体，该窗体通常放在父窗体的底部，或通过其 Align 属性设置其出现的位置。通过 StatusBar 控件，应用程序能显示各种状态数据。

StatusBar 控件由面板（Panel）对象组成，一个 StatusBar 控件最多可以有 16 个 Panel 对象，每一个 Panel 对象都可包含文本和/或图片。可以控制每个 Panel 对象的外观属性，包括 Width、Alignment（文本和图片的）和 Bevel（文本显示的样式）。还可以使用 Style 属性值

中的一个自动地显示公共数据。

2. 状态栏的建立

在设计时，在窗体上增加 StatusBar 控件，并在其属性页的"窗格"选项卡（如图 11-14 所示）中进行必要的设置，以建立面板并定制它们的外观。

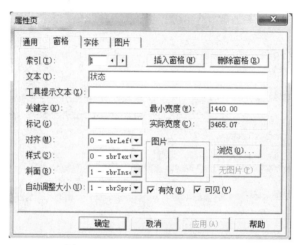

图 11-14   StatusBar 控件的属性页

其中：

"插入窗格"按钮：用于在状态栏中增加新的窗格。

"索引"：表示每个窗格的编号。

"关键字"：表示每个窗格的标识。

样式：指定系统提供的显示信息。它的取值见表 11-8。

表 11-8   状态栏有 Style 属性取值

常数	值	描　　述
sbrText	0	（缺省）。文本和/或位图。用 Text 属性设置文本
sbrCaps	1	Caps Lock 键。当激活 Caps Lock 时，用黑体显示字母 CAPS；反之，当停用 Caps Lock 时，显示暗淡的字母
sbrNum	2	Number Lock 键。当激活数字锁定键时，用黑体显示字母 NUM；反之，当停用数字锁定键时，显示暗淡的字母
sbrIns	3	Insert 键。当激活插入键时，用黑体显示字母 INS；反之，当停用插入键时，显示暗淡的字母
sbrScrl	4	Scroll Lock 键。当激活滚动锁定时，用黑体显示字母 SCRL；反之，当停用滚动键时，显示暗淡的字母
sbrTime	5	Time。以系统格式显示当前时间
sbrDate	6	Date。以系统格式显示当前日期
sbrKana	7	Kana。当激活滚动锁定时，用黑体显示字母 KANA；反之，当滚动锁定停用时，显示暗淡的字母

【例 11-7】扩展例 11-6 的文档编辑应用程序，在窗体的下面加一个状态栏。运行界面如图 11-15 所示。

图 11-15　文档编辑器运行界面

在例 11-6 的步骤上进一步进行设计，具体实现方法为：

① 在窗体中插入一个 StatuaBar 控件，进入它的属性页的"窗格"选项卡。

② 单击"插入窗格"按钮，插入六个窗格。对这六个窗格分别设置如表 11-9 所示的属性。

表 11-9　状态栏有 Style 属性取值

索引	样式（Style）	文本	说　　明
1	sbrText	状态	显示提示
2	sbrDate		显示系统日期
3	sbrTime		显示系统时间
4	sbrText		显示光标在文本框的位置
5	sbrIns		显示插入/改写控制键的状态
6	sbrCaps		显示大小写控制键的状态

③ 编写相应的程序代码。

```
'RichTextBox1 的 Click 事件,在运行时修改状态栏的信息
Private Sub RichTextBox1_Click( )
    StatusBar1.Panels(4).Text = RichTextBox1.SelStart
End Sub
'修改 Form 的 Resize 事件代码
Private Sub Form_Resize( )
  RichTextBox1.Left = 0
  RichTextBox1.Top = Toolbar1.Height
  RichTextBox1.Height=Form1.ScaleHeight-Toolbar1.Height-StatusBar1.Height
  RichTextBox1.Width = Form1.ScaleWidth
End Sub
```

11.6 应用程序向导

Visual Basic 为了进一步方便用户设计符合 Windows 风格的应用程序，提供了应用程序向导这样一个实用程序，应用它，可以方便、快捷地生成应用程序。用户在此基础上修改，可以较快地开发自己所需要的应用程序。

下面以开发一个多文档界面的文字处理软件为例说明应用程序向导的应用方法。

第一步：从"外挂程序"菜单中启动"应用程序向导"，弹出应用程序向导介绍（图 11-16）。

第二步：单击"下一步"按钮，进入应用程序界面类型选择对话框（图 11-17），选择"多文档界面"，并给工程命名为"文本编辑器"。

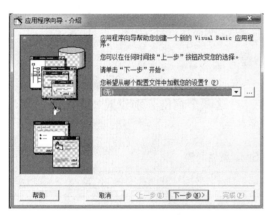

图 11-16 应用程序向导-介绍

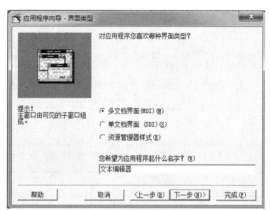

图 11-17 应用程序向导-界面类型

第三步：单击"下一步"按钮，进入菜单设计（图 11-18），在此只能设计 Windows 系统的常用的菜单，用户可以根据需要选择，以后再用菜单编辑器进行修改。

第四步：单击"下一步"按钮，进入自定义工具栏设计（图 11-19）。

图 11-18 应用程序向导-菜单

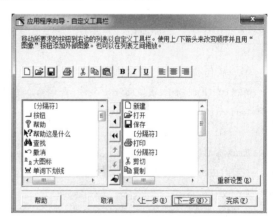

图 11-19 应用程序向导-工具栏

第五步：单击"完成"按钮，一个多文档界面文本编辑器已生成。读者可以运行程序试试效果。也可以对它进行进一步修改。

习 题 11

一、选择题

1. 以下叙述中错误的是（　　　）。

A. 下拉式菜单和弹出式菜单都用菜单编辑器建立

B. 在多窗体程序中，每个窗体都可以建立自己的菜单系统

C. 在程序运行过程中可以增加或减少菜单项

D. 如果把一个菜单项的 Enabled 属性设置为 False，则可删除该菜单项

2. 设菜单中有一个菜单项为 Open。若要为该菜单项设计访问键，即按下 Alt 键及字母 O 时，能够执行 Open 命令，则在菜单编辑器中设置 Open 命令的方式是（　　　）。

A. 把 Caption 属性设置为&Open

B. 把 Caption 属性设置为 O&pen

C. 把 Name 属性设置为&Open

D. 把 Name 属性设置为 O&pen

3. 以下关于多重窗体程序的叙述中，错误的是（　　　）。

A. 用 Hide 方法不但可以隐藏窗体，而且能清除内存中的窗体

B. 在多重窗体程序中，各窗体的菜单是彼此独立的

C. 在多重窗体程序中，可以根据需要指定启动窗体

D. 在多重窗体程序中，单独保存每个窗体

二、填空题

1. 菜单可分为_____和_____两种基本类型。对话框可分为_____和_____两种类型。

2. 工具栏的创建方法有_____和_____两种。

三、简答题

1. 下拉式菜单由几部分组成？如何定义菜单和调节菜单的层次？如何为一个菜单设置热键和快捷键？

2. 弹出式菜单有什么特点？程序运行时，用什么方法显示弹出式菜单？

3. CommonDialog 控件能够实现哪几种对话框？如何实现这几种对话框？设计时，其大小能改变吗？

4. 自定义对话框是由用户自己创建的含有控件的窗体，它与普通窗体的区别是什么？

5. MDI 窗体、MDI 子窗体和普通窗体有什么区别？如何加载 MDI 子窗体，和加载普通窗体有什么区别？

四、程序设计题

1. 设计一个具有弹出式和下拉式菜单栏的多重窗体应用程序，单击菜单能够打开不同窗体。

2. 对照 Windows 的写字板软件所具有的功能，修改第 8.6 节利用"应用程序向导"生成的多文档界面的编辑器，使它具有写字板软件所具有的功能，成为一个多文档界面的写字板。

第12章

图形操作

Visual Basic 不仅提供了对数值型和文本型数据的操作，还提供了图形、图像等信息。Visual Basic 提供了非常丰富的图形功能。设计程序时，不仅可以使用 Visual Basic 提供的图形控件来画图，还可以调用图形方法绘制丰富多彩的图形。

12.1 图形操作基础

12.1.1 坐标系统

在 Visual Basic 中，每个对象定位于存放它的容器内，对象定位都要使用容器的坐标系统。例如，窗体处于屏幕（Screen）内，屏幕是窗体的容器。在窗体内绘制控件，窗体就是控件的容器。如果在图片框控件内绘制图形，该图片框就是容器。容器内的对象只能在容器界定的范围内变动。当移动容器时，容器内的对象也随着一起移动，并且与容器的相对位置保持不变。

坐标系统对图形绘制的操作而言是非常重要的。坐标系统包括原点位置、坐标单位及坐标轴的方向等几方面内容。

1. 标准坐标系统

标准坐标系统是一个二维网格，可定义屏幕上、窗体中或其他容器对象中（如：图片框或 Printer 对象）的位置。

标准坐标系统的设置为：容器的左上角为坐标原点（0,0），x 轴的方向为横向向右，y 轴的方向为纵向向下，如图 12-1 所示。

坐标轴的默认刻度单位是缇（Twip）。除了缇外，Visual Basic 中坐标的常用度量单位还有磅（Point）、

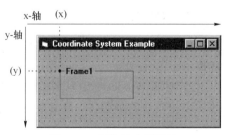

图 12-1　窗体的坐标系统

厘米和英寸等 7 种，见表 12-1。1 缇大约为 1/1 440 英寸，1/20 磅。1 厘米约等于 567 缇，1 英寸约等于 1 440 缇。72 磅等于 1 英寸。

表 12-1 ScaleMode 属性的取值

值	常量	描述
0	vbUser	自定义坐标系统
1	vbTwips	默认值，坐标单位为缇
2	vbPoints	坐标单位为点（每英寸为 72 磅）
3	vbPixels	像素（显示器分辨率的最小单位）
4	vbCharacters	字符坐标系统（水平每个单位为 120 缇，垂直每个单位为 240 缇）
5	vbInches	坐标单位为英寸
6	vbMillimeters	坐标单位为毫米
7	vbCentimeters	坐标单位为厘米

标准坐标系统的度量单位由容器对象的 ScaleMode 属性决定。用户可以根据自己的习惯和实际需要，使用 ScaleMode 属性改变坐标系统的刻度单位。ScaleMode 属性的取值见表 12-1。ScaleMode 属性可以在容器对象的属性窗口中设置，也可以在程序代码中设置。可以在程序代码中，通过下述语句设置窗口的 ScaleMode 属性：

```
Form1.ScaleMode=3;
Form1.ScaleMode=4;
```

注意：

① ScaleMode 属性的取值为 3 时，以像素为刻度度量单位，在不同分辨率的显示器与打印机上输出的结果大小不同，是设备相关的。

② ScaleMode 属性的取值为 4 时，水平与垂直度量不相同，使用时应当注意。

一个图形对象在容器的位置，由该图形对象的 Left、Top、Width、Height 属性决定，其中 Left、Top 决定了对象在窗口中"左上角"的位置，Width、Height 分别决定了对象在容器中的"水平方向的宽度"和"垂直方向的高度"。

2. 自定义坐标系统

当容器对象的 ScaleMode 值为 1～7 时，是 Visual Basic 已定义好的标准坐标系统。但在有些情况下使用标准坐标系统不方便，例如，用户希望坐标原点（0，0）在屏幕的中心点。这时，需要使用 Visual Basic 的自定义坐标系统。当容器对象的 ScaleMode 属性为 0 时，使用自定义坐标系统。

自定义坐标系统的原点位置和坐标的高度及宽度由 ScaleLeft、ScaleTop、ScaleHeight 和 ScaleWidth 这 4 个属性决定。其中，ScaleLeft 和 ScaleTop 属性用于控制容器对象"左上角"的坐标，根据这两个属性值可形成坐标原点。ScaleWidth 和 ScaleHeight 属性确定对象内部水平方向和垂直方向的宽度和高度。在自定义坐标系统下，坐标的单位是由对象的大小和 ScaleHeight、ScaleWidth 属性联合决定的。

例如，假设当前窗体内部显示区域的高度是 1 500 缇，宽度是 2 000 缇时，高度和宽度的刻度单位均为 1 缇。如果设置 ScaleHeight=500，则将窗体内部显示区域的高度划分为 500

个单位，每个单位为 3 缇。

Visual Basic 中有两种方法用于自定义坐标系统的定义。

方法一：通过设置容器对象的 ScaleTop、ScaleLeft、ScaleWidth 和 ScaleHeigh 属性来实现。

在标准坐标系统下，改变了这 4 个属性中任意一个的值，Visual Basic 就自动使用自定义坐标，ScaleMode 属性被自动设置为 0。

方法二：采用 Scale 方法来设置坐标系。该方法是建立用户坐标系最方便的方法，其语法如下：

```
[对象.]Scale[(xLeft,yTOp)-(xRight,yBotton)]
```

【例 12-1】本例用窗体内两个命令按钮的单击事件说明用 Scale 方法改变坐标系统后产生的影响，命令 Line（0，0）-（1 500，1 500）表示从坐标原点到（1 500，1 500）画一根直线。

```
Private Sub Command1_Click( )
   Cls
   Form1.Scale    '采用标准坐标系统
   Line (0, 0)-(1500, 1500)
End Sub
```

Command1_Click 事件采用缺省坐标系,坐标原点在窗体的左上角,此时,Height=3600,Width=4800,ScaleHeight=3195,ScaleWidth=4680(twip)

```
Private Sub Command2_Click( )
   Cls
   Form1.Scale (0, 1500)-(1500, 0)     '定义用户坐标系
   Line (0, 0)-(1500, 1500)
End Sub
```

Command2_Click 事件定义用户坐标系，坐标原点在窗体的左下角，x 轴的正向向左，y 轴的正向向上，窗体的左上角坐标为（0，1 500），右下角坐标为（1 500，0）。此时，Height=3 600，Width=4 800，ScaleHeight=-1 500，ScaleWidth＝1 500（twip）。

程序运行后，单击 Command1，结果如图 12-2（a）所示；单击 Command2，结果如图 12-2（b）所示。

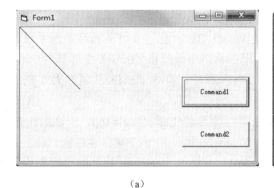
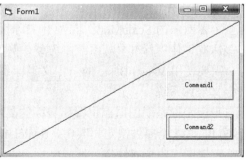

（a）　　　　　　　　　　　　　　　（b）

图 12-2　标准坐标系统和自定义坐标系统下的画线对比

12.1.2 当前坐标

当在容器中绘制图形或输出结果时，经常要将它们定位在某一希望的位置，这就必须获得某一点的坐标，即当前坐标。Visual Basic 使用 CurrentX 和 CurrentY 属性设置或返回当前坐标的水平坐标和垂直坐标。其语法格式如下：

```
[对象名.]CurrentX[=x]
[对象名.]CurrentY[=y]
```

【例 12-2】在窗体上从（300,400）位置开始，输出"Hello World!"。

窗体 Paint 方法中的程序代码如下：

```
Private Sub Form_Paint( )
    Form1.CurrentX = 300
    Form1.CurrentY = 400
    Print "Hello World!"
End Sub
```

注意：当使用一些图形方法后，CurrentX 和 CurrentY 的值会自动发生改变，变成新的位置，具体见表 12-2。

表 12-2　方法对 CurrentX 和 CurrentY 的值的影响

方法	CurrentX 和 CurrentY 的值	方法	CurrentX 和 CurrentY 的值
Circle	对象中心点的位置	Print	下一个打印点的位置
Line	线终点的位置	Cls	（0，0）
Pset	点的位置	NewPage	（0，0）

12.1.3 颜色设置

计算机领域中的颜色一般采用 RGB 颜色模型，任何颜色都是由红（R）、绿（G）、蓝（B）3 种颜色按不同比例混合而成的。因此，要设置一种颜色，只要设定其 R、G、B 分量的大小即可。Visual Basic 中颜色的表示就是基于这个概念。

1. 使用 RGB 函数

可以使用 Visual Basic 的内部函数 RGB 返回一个颜色值，此函数有 3 个参数，取值范围都是 0～255，分别表示所要颜色中红（R）、绿（G）、蓝（B）分量的大小。其语法格式如下：

```
RGB(red,green,blue)
```

其中，参数 red、green、blue 分别红色、绿色、蓝色成分的值。

例如：RGB(0,0,0)返回黑色，RGB(255,0,0)返回红色，RGB(0,0,255)返回蓝色。常用的颜色成分值见表 12-3。

表 12-3　常用颜色的 R、G、B 成分值

颜色	Red 分量的值	Green 分量的值	Blue 分量的值
黑色	0	0	0
红色	255	0	0
绿色	0	255	0
蓝色	0	0	255
黄色	255	255	0
洋红色	255	0	255
青色	0	255	255
白色	255	255	255

其实，RGB 函数返回的只是一个长整型数。因此，也可以直接用长整数来表示一种颜色。长整数占 4 个字节中，从高位到低位，第 1 个字节的所有位都为 0，第 2 个字节表示的是蓝色（B）分量的大小，第 3 个字节表示的是绿色（G）分量的大小，第 4 个字节表示的是红色（R）分量的大小。每个分量值的十六进制形式表示。

例如，下面是一些表示颜色的长整数：&H00000000（黑色）、&H00FFFFFF（白色）、&H00FF0000（蓝色）、&H0000FFFF（黄色）、&H000000FF（红色）。

在源程序中输入长整数时，编辑器会自动删掉前面不必要的 0。

2. 使用 QBColor 函数

为了实现兼容性，Visual Basic 保留了 Quick Basic 的 QBColor 函数。该函数采用了 QuickBasic 的 16 种颜色，其语法结构为：

```
QBColor(color)
```

其中，color 表示颜色值，它的取值范围为 0～15。QBColor 函数和 RGB 函数一样，根据参数 color 返回一个表示颜色的长整数。不同的参数值与返回值之间的对应关系见表 12-4。

表 12-4　color 参数对应的颜色

参数值	颜色	参数值	颜色	参数值	颜色	参数值	颜色
0	黑色	4	红色	8	灰色	12	亮红色
1	蓝色	5	洋红色	9	亮蓝色	13	亮洋红色
2	绿色	6	黄色	10	亮绿色	14	亮黄色
3	青色	7	白色	11	亮青色	15	亮白色

3. 使用颜色常量

用十六进制的长整数表示颜色，用户很难把长整数和实际的颜色联系起来。Visual Basic 定义了一些有实际意义的颜色常量来表示一些常用的颜色和系统中使用的颜色，可以方便用户记住这些颜色，而不用记住十六进制的长整数。Visual Basic 中定义的颜色常量见表 12-5。

注意：系统颜色对应长整数的最高位为 1，它不是 RGB 颜色。

表 12-5　常用 RGB 颜色常量和系统颜色常量

符号常量	长整数值	颜色	符号常量	长整数值	颜色
vbBlack	&H0	黑色	vbScrollBars	&H80000000	滚动条颜色
vbRed	&HFF	红色	vbActiveTitleBar	&H80000002	活动窗口的标题栏颜色
vbGreen	&HFF00	绿色	vbInactiveTitleBar	&H80000003	非活动窗口的标题栏颜色
vbYellow	&HFFFF	黄色	vbMenuBar	&H80000004	菜单背景颜色
vbBlue	&HFF0000	蓝色	vbWindowBackground	&H80000005	窗口背景颜色
vbMagenta	&HFF00FF	洋红色	vbWindowFrame	&H80000006	窗口框架颜色
vbCyan	&HFFFF00	青色	vbMenuText	&H80000007	菜单上文本的颜色
vbWhite	&HFFFFFF	白色	vbWindowText	&H80000008	窗口内文本的颜色

12.2　图 形 控 件

为了在应用程序中使用图形效果，Visual Basic 提供了 Line 控件、Shape 控件、PictureBox 控件和 Image 控件四种图形控件，用于在对象（窗体、图片框）中绘制或显示特定形状的图形。图形控件的属性既可以在设计阶段直接设置，也可以在程序代码中由程序动态地改变。

12.2.1　Line 控件

Line 控件为用户提供了在容器对象（窗体、图片框、框架等）中画直线的方法，主要用于修饰。使用 Line 控件在容器对象中画线的步骤为：

① 单击选定工具箱的 Line 图标。

② 移动鼠标到画线的起始位置，按住鼠标左键，拖动到终点位置。

③ 在属性面板中，设置直线的线型 BorderStyle、线宽 BorderWidth 等属性。

简单地改变 Line 控件的 BorderStyle 属性即可画出多种线型的直线。表 12-6 列出了 BorderStyle 属性的设置值。

表 12-6　BorderStyle 属性对应的线型

设置值	常量表示	直线的线型
0	vbTransparent	透明，忽略 BorderWidth 属性
1	vbBSSolid	（默认值）实线，边框处于形状边缘的中心
2	vbBDDash	虚线，当 BorderWidth 属性为 1 时有效
3	vbBSDot	点线，当 BorderWidth 属性为 1 时有效
4	bBSDashDot	点划线，当 BorderWidth 属性为 1 时有效
5	vbBSDashDotDot	双点划线，当 BorderWidth 属性为 1 时有效
6	vbBSInsideSolid	内收实线，边框的外边界就是形状的外边缘

12.2.2 Shape 控件

Shape 控件为用户提供了在容器对象（窗体、图片框、框架等）中绘制的常见的几何图形，这些几何图形包括矩形、正方形、圆、椭圆、圆角矩形和圆角正方形。Shape 控件通过设置 Shape 属性来设置画出什么样的图形。Shape 属性对应的几何图形见表 12-7。

表 12-7　Shape 控件的 Shape 属性值对应的几何图形

设置值	常量表示	几何图形	设置值	常量表示	几何图形
0	vbShapeRectangle	默认值，矩形	3	vbShapeCircle	圆
1	vbShapeSquare	正方形	4	vbShapeRoundedRectangle	圆角矩形
2	vbShapeOval	椭圆	5	vbShapeRoundedSquare	圆角正方形

使用 Line 控件在容器对象中画线的步骤为：

① 单击选定工具箱的 Shape 图标。

② 移动鼠标到画图形的左上角起始位置，按住鼠标左键，拖动到右下角的终点位置。松开鼠标，这时在容器中会出现一个矩形。

③ 在属性面板中，根据要画的图形，设置 Shape 对象的 Shape 属性。还可以设置 Shape 的其他属性，如线型 BorderStyle、线宽 BorderWidth、填充色 FillColor、填充方式 FillStyle 等属性。

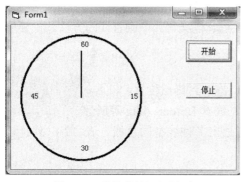

图 12-3　简易秒钟运行界面

④ 可通过鼠标在容器中拖动操作进一步调节画出图形的大小和位置。

Line 控件和 Shape 控件可以在设计时设置相应的属性，也可以在程序代码中修改，程序执行时动态地设置。下面举一个例子说明。

【例 12-3】设计一个简单的秒表。程序运行是的界面如图 12-3 所示。

具体的实现步骤为：

① 新建一个工程，在窗体添加一个 Shape 控件，设置它的 Style 属性为 3（圆），BorderWidth 为 3；用 Line 控件画一条直线，设置 BorderWidth 为 2。

② 在窗体中添加 4 个 Label 控件，分别设置它们的 Caption 属性为 15、30、45、60，放到圆的适当位置。

③ 在窗体中添加两个 Command 控件，设置它们的 Caption 属性为 "开始" 和 "停止"。

④ 在窗体中添加一个 Timer 控件，将其 Interval 设置为 1 000（1 秒）。秒针（直线）每隔 1 秒旋转 6 度。

⑤ 分别对 Command1、Command2、Timer1 控件编写事件程序代码如下：

```
Dim arph '定义秒针旋转角度
Dim length As Integer '定义秒针线段的长度
Private Sub Command1_Click( )
    Timer1.Enabled = True
End Sub
Private Sub Command2_Click( )
    Timer1.Enabled = False
End Sub
Private Sub Form_Load( )
    Timer1.Enabled = False
    Timer1.Interval = 1000
    length = Line1.Y1 - Line1.Y2    '初始化秒针线段的长度
    arph = 0 '初始旋转角度为0
End Sub
Private Sub Timer1_Timer( )
    arph = arph + 3.14159 / 30
'计算秒针端点的坐标
    Line1.Y2 = Line1.Y1 - length * Cos(arph)
    Line1.X2 = Line1.X1 + length * Sin(arph)
End Sub
```

程序运行时，单击"开始"按钮后秒针开始旋转，单击"停止"按钮后秒针停止旋转。

12.2.3 Image 控件

Image 控件是 Visual Basic 提供的一种显示图像的控件，用于从文件中装入并显示图像，它支持图形文件的格式有位图、图标、图元文件、增强型图元文件、JPEG 和 GIF 文件等。除此之外，Image 控件还响应 Click 事件，因此，可用 Image 控件代替命令按钮或作为工具条的内容。

Image 控件两个比较常用的属性是 Picture 和 Stretch。这两个属性可以在设计时通过属性面板进行设置，也可以在程序运行时动态赋值。

（1）Picture 属性

用于设置或返回 Picture 属性与图像数据有关。在程序中，可以用 LoadPicture 方法对 Picture 属性赋值，也可用其他图像框或图片框的图像数据来赋值。例如：

```
Image1.Picture=LoadPicture("c:\windows\winupd.ico")
Image1.Picture= Image2.Picture
```

（2）Stretch 属性

用于设置或返回图像的 Stretch（拉伸）属性。当 Stretch 属性设置为 True 时，所装入的图形能够自动缩放以适应 Image 框的大小；当 Stretch 属性设置为 False（默认值）时，Image 框自动调节图像的大小。

【例 12-4】编写一程序，实现图像放大效果。程序运行界面如图 12-4 所示。

图 12-4　例 12-4 运行界面

具体的实现步骤为：

① 新建一个工程，在窗体中添加一个 Image 控件 Image1，再添加两个 Label 标签、一个 Text 控件 Text1 和一个 Command 控件 Command1，根据图 12-4 设置相应的属性。

② 对 Command 控件的 Click 事件编写如下代码。

```
Private Sub Command1_Click( )
    i = Val(Text1.Text)
    Image1.Stretch = True    '通过Stretch属性使图像适应图像框的大小
    Image1.Width = i * Image1.Width
    Image1.Height = i * Image1.Height
End Sub
Private Sub Command2_Click( )
    Image1.Stretch = False   '通过Stretch属性使图像框适应图像的大小
End Sub
```

12.2.4　PictureBox 控件

PictureBox 控件又称图片框控件，它的作用有：① 在窗体的指定位置显示图形；② 作为其他控件的容器，可以存放各种控件，也可用于绘图方法在其上画图，还可以用 Print 方法在其上输出文本。

PictureBox 控件的常用属性如下：

① Picture 属性：设置被显示的图片文件名（包括可选的路径名）。在程序运行时，可以使用 LoadPicture( )在图形框中装入图形。其格式为：

对象名.Picture= LoadPicture("图形文件名")

也可在运行时删除图片框对象的 Picture 属性关联的图形文件，其使用方法为：

对象名.Picture= LoadPicture("")

② Autosize 属性：用于调整图像框的大小，以适应图形尺寸。加载到图片框的图形默认保持其原来的大小，若图形的大小超过图片框的大小，超过的部分不能显示。图片框没有 Stretch 属性，不能对图形进行拉伸。当 Autosize 属性为 True 时，图片框自动调节大小，以适应图形的大小。

③ Width 和 Height 属性：这两个属性设置图片框控件的实际大小。

④ Left 和 Top 属性：Left 和 Top 属性是图片框控件在容器中左上角的坐标。

⑤ ScaleMode 属性：ScaleMode 属性设置或返回控件的当前坐标系。

⑥ ScaleWidth 和 ScaleHeight 属性：这两个属性是当前坐标系单位的控件内部尺寸。

⑦ ScaleLeft 和 ScaleTop 属性：ScaleLeft 和 ScaleTop 属性是用户定义坐标系中控件左上角的坐标。

图片框作为一个容器，其用法和窗体的有些类似，有兴趣的读者可以进一步参考相关资料。

12.3 绘 图 方 法

12.3.1 Line 方法

Line 方法可以在窗体或图片框上绘制一条直线段或一个矩形，其语法格式为：

```
[对象名.]Line [[step] (x1, y1)]- [Step] (x2,y2) [,Color] [,B[F]]
```

其中：

对象名：为窗体或图片框对象名，表示在何处画图。

（x1,y1）：指定线段的起始坐标或矩形的左上角坐标。它是一个可选项，当省略时，为对象的当前坐标 CurrentX、CurrentY。

（x2,y2）：指定线段的终止坐标或矩形的右下角坐标。

Step：可选项，用于指定使用绝对坐标还是相对坐标。当没有 Step 时，（x,y）是绝对坐标（相对于窗体或图片框绘图区的左上角）；当使用 Step 时，则（x,y）表示的是相对于点（CurrentX，CurrentY）的相对坐标。例如：

```
Line (100,100)-(500,500)
```

等价于

```
Line (100,100)-Step (400,400)
```

Color：指定直线或矩形边框的 RGB 颜色。

B 和 F：如果有参数"B" 则绘制以给定两点为对角的矩形，否则画出以给定两点为端点的直线段。如果有参数"F"，表示用边框颜色填充矩形，画一个实心矩形，否则，画的矩形不带填充色。

使用 Line 方法注意以下几点：

① 执行完此方法后，对象的 CurrentX、CurrentY 属性值即为终点的坐标。

② 调用一次带参数"B"的 Line 方法只能画出 4 条边是水平或垂直的矩形。如果要绘制任意方向的矩形，可以调用 4 次 Line 方法画出矩形的 4 条边。

【例 12-5】使用 Line 方法绘制一个实心矩形和一个三角形。运行界面如图 12-5 所示。

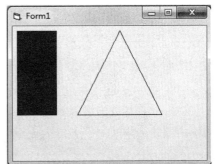

图 12-5　例 12-5 运行界面

窗体的 Click 事件程序代码如下：

```
Private Sub Form_Click( )
    Line (100, 100)-(1000, 2000), RGB(255, 0, 0), BF '画一个红色的实心矩形
```

```
'画三角形
Line (2500, 100)-(1500, 2000)
Line -(3500, 2000)    '省略第一个点的坐标,从当前位置画起
Line -(2500, 100)
End Sub
```

【例 12-6】使用 Line 方法绘制一个实心矩形和一个三角形。运行界面如图 12-6 所示。

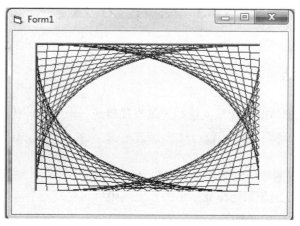

图 12-6　例 12-6 运行界面

具体实现方法为：新建一个工程，在窗体中插入一个 PictureBox 控件 Picture1，对 PictureBox 控件的 Paint 方法编写如下的程序代码：

```
Private Sub Picture1_Paint( )
    Picture1.Scale (1, 1)-(400, 180)
    xMax = 400
    yMax = 180
    xMin = 1
    yMin = 1
    s = 20
    xs = (xMax - xMin) / s
    ys = (yMax - yMin) / s
    For i = 0 To s
        Picture1.Line (xMin + xs * i, yMax)-(xMax, yMax - ys * i), vbRed
        Picture1.Line (xMax - xs * i, yMin)-(xMax, yMax - ys * i), vbBlue
        Picture1.Line (xMax - xs * i, yMin)-(xMin, yMin + ys * i), vbRed
        Picture1.Line (xMin, yMin + ys * i)-(xMin + xs * i, yMax), vbBlue
    Next i
End Sub
```

12.3.2　Pset 方法

Pset（画点）方法用于在窗体或图片框等容器对象的指定位置上使用指定颜色画一个点。

它的语法为：

```
[对象名.]Pset [Step] (x, y) [,Color]
```

其中：

（x,y）：指定画点位置的坐标，其中小括号是不可少的。

Step：可选项，用于指定使用绝对坐标还是相对坐标。当没有 Step 时，（x,y）是绝对坐标（相对于窗体或图片框绘图区的左上角）；当使用 Step 时，则（x,y）表示的是相对于当前坐标（CurrentX，CurrentY）点的相对坐标。

Color：用来指定点的 RGB 颜色。它可以是长整型数、常量或颜色函数。如果没有指定 Color，系统默认的是颜色容器对象的前景色（ForeColor）。

注意：Pset 方法执行完后，容器对象的 CurrentX、CurrentY 属性值会被自动设置为画点位置的绝对坐标。

【例 12-7】用 Pset 方法在窗体上绘制一条阿基米德曲线。运行界面如图 12-7 所示。

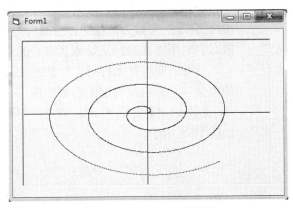

图 12-7　例 12-7 运行界面

具体实现方法为：新建一个工程，在窗体中插入一个 PictureBox 控件 Picture1，对 PictureBox 控件的 Paint 方法编写如下的程序代码：

```
Private Sub Picture1_Paint( )
    Dim x As Single, y As Single, i As Single
    Picture1.Scale (-20, 20)-(20, -20) '定义坐标系统,以图片框的中心为原点
    Picture1.Line (0, 20)-(0, -20) '画x轴
    Picture1.Line (20, 0)-(-20, 0) '画y轴
    For i = 0 To 18 Step 0.01
        x = i * Cos(i)
        y = i * Sin(i)
        Picture1.Pset (x, y)
    Next i
End Sub
```

12.3.3　Circle 方法

Circle 方法用于在窗体或图片框等容器上绘制圆、椭圆或圆弧，其语法为：

```
[对象名.]Circle [Step] (x,y),Radius [,Color][,start] [,end] [,Aspect]
```
其中：

对象名：窗体或图片框等容器对象的对象名。

Step：可选项，用于指定是使用绝对坐标还是相对坐标。当没有 Step 时，（x,y）是绝对坐标（相对于窗体或图片框绘图区的左上角）；当使用 Step 时，则（x,y）表示的是相对于（CurrentX，CurrentY）点的相对坐标。

（x，y）：圆心或椭圆中心的坐标。

Radius：圆的半径或椭圆的长半轴。

Color：为线条颜色。

start 与 end：可选项，弧的起止角度（弧度为单位），若省略，则绘制出完整的圆或椭圆。

Aspect：垂直半轴与水平半轴长度之比，当它为 1 或省略时，绘出的是一个圆，取其他值时为椭圆。当 Circle 方法的 start 或 end 参数为负值时，绘制的是与相应的正值相向的一段弧，只不过多画出从端点到中心的连线。

注意：此方法执行后，对象的 CurrentX、CurrentY 属性的值会等于圆心或椭圆中心的坐标。

【例 12-8】使用 Circle 方法绘制圆、椭圆、圆弧和扇形，如图 12-8 所示。

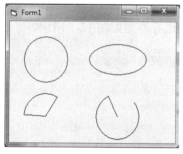

图 12-8 例 12-8 运行界面

程序代码如下：

```
Private Sub Form_Paint( )
    Circle (1000, 1000), 600    '画圆
    Circle (3000, 1000), 800, , , , 0.5 '画椭圆
    Circle (1000, 2500), 600, , -1, -3.1
    Circle (3000, 2500), 600, , -2, 0.7
End Sub
```

【例 12-9】编写一个程序，模拟地球绕太阳旋转。运行界面如图 12-9 所示。地球运动的椭圆方程为：

```
x=x0+rx*cos (alfa)
y=y0+ry*sin (alfa)
```

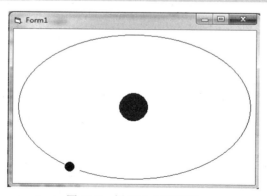

图 12-9 例 12-9 运行界面

具体实现过程为：

① 新建一个工程，在窗体中放置两个合适大小的形状控件 Shape1、Shape2。将 Shape1 的 Shape 属性设置为 3（圆形），FillColor（填充色）为红色，代表太阳；将 Shape2 的 Shape 属性设置为 3（圆形），FillColor（填充色）为蓝色，代表地球。

② 在窗体中添加一个 Timer 控件 Timer1，用于控制地球运行速度，将 Timer1 的时间 Interval 属性设置为 100（0.1 秒）。

③ 编写相应的程序代码：

```
Dim rx As Single, ry As Single
Dim alfa As Single
Private Sub Form_load( )
    '将表示太阳的Shape1 放在窗体的正中央
    Shape1.Left = Form1.ScaleWidth / 2 - Shape1.Width / 2
    Shape1.Top = Form1.ScaleHeight / 2 - Shape1.Height / 2
    '计算椭圆轨道的水平半径rx 和垂直半径ry
    rx = Form1.ScaleWidth / 2 - Shape2.Width / 2
    ry = Form1.ScaleHeight / 2 - Shape2.Height / 2
End Sub
Private Sub Timer1_Timer( )
    alfa = alfa + 0.05
    '绘制地球的运行轨迹
    Circle (Form1.ScaleWidth / 2, Form1.ScaleHeight / 2), rx, , , , ry / rx
    x = Form1.ScaleWidth / 2 + rx * Cos(alfa)
    y = Form1.ScaleHeight / 2 + ry * Sin(alfa)
    '改变Shape2的位置,模拟地球运转
    Shape2.Left = x - Shape2.Width / 2
    Shape2.Top = y - Shape2.Height / 2
End Sub
```

12.3.4 PaintPicture 方法

PaintPicture 方法用于在窗体或图片框上绘制来自磁盘图像文件的图像，支持的图形文件格式有.bmp、.ico、.wmf、.emf、.cur 和.dib 等。在绘制图形时，可以对图形进行裁剪、拉伸、变形等。其语法为：

```
对象名.PaintPicture Picture, x1, y1 [, width1] [, height1]
[,x2] [,y2][,width2] [,height2] [,Opcode]
```

其中：

Object：窗体或图片框等容器对象的对象名。

Picture：绘制的图像文件，可以使用 LoadPicture 函数装入图形文件，也可以通过窗体或图片框的 Picture 属性给它赋值。

x1、y1：将图像绘制在窗体或图片框的位置坐标。

width1、height1：指定把图像绘制在窗体或图片框上区域的高度和宽度。

x2、y2、width2 和 height2：这 4 个参数用于指定只绘制图像的某个矩形区域。x2、y2 为区域左上角的坐标；width2、height2 为绘制区域的宽度和高度。

Opcode：指定绘制的方法，即绘制出的图像中每一点使用什么颜色。此颜色由被绘制图像中每一个点的颜色（源像素）、窗体或图片框上现有像素点（目标像素）的颜色和填充颜色计算得到。其默认值为&H00CC0020，其绘出的颜色是图像点的颜色。Opcode 参数的取值见表 12-8。

表 12-8　Opcode 参数的取值

参数值	常量	描述
&H005509	vbDstInvert	Not（目标像素）
&H00BB0226	vbMergePaint	（Not（源像素））or（目标像素）
&H001100A6	vbNotSrcErase	Not（（源像素）or（目标像素））
&H005A0049	vbPatInvert	（填充）Xor（目标像素）
&H008800C6	vbSrcAnd	（源像素）And（目标像素）
&H00440328	vbSrcErase	（源像素）And（Not（目标像素））
&H00EE0086	vbSrcPaint	（源像素）Or（目标像素）
&H00C000CA	vbMergeCopy	（源像素）And（填充）
&H00330008	vbNotSrcCopy	Not（源像素）
&H00F00021	vbPatCopy	只绘制填充
&H00FB0A09	vbPatPaint	（Not（源像素）Or（填充））Or（目标像素）
&H00CC0020	vbSrcCopy	使用源像素颜色
&H00660046	vbSrcInvert	（源像素）Xor（目标像素）

若省略所有的可选参数，则把整个图像按原来的颜色和大小绘制到指定的位置上。

【例 12-10】使用 PaintPicture 方法对图像进行对称和翻转处理。运行界面如图 12-10 所示。

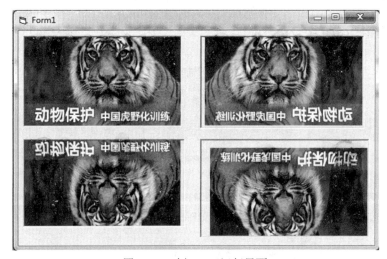

图 12-10　例 12-10 运行界面

具体实现方法为：

① 新建一个工程，在窗体中添加 4 个图片框（Picture1、Picture2、Picture3 和 Picture4），设置图片框 Picture1 的 Picture 属性。

② 添加如下的程序代码：

```
Private Sub Form_Click( )
    '水平翻转
    With Picture2
        .PaintPicture Picture1.Picture, 0, 0, .ScaleWidth, .ScaleHeight,
        _.ScaleWidth, 0, -.ScaleWidth, .ScaleHeight
    End With
    '垂直翻转
    With Picture3
        .PaintPicture Picture1.Picture, 0, 0, .ScaleWidth, .ScaleHeight,
        _ 0, .ScaleHeight, .ScaleWidth, -.ScaleHeight
    End With
    '中心对称翻转
    With Picture4
        .PaintPicture Picture1.Picture, 0, 0, .ScaleWidth, .ScaleHeight,
        _.ScaleWidth, .ScaleHeight, -.ScaleWidth, -.ScaleHeight
    End With
End Sub
```

在使用图形方法和图形控件时，注意下述两个问题：

① 使用绘图方法（如 PaintPicture 方法）绘制在窗体或图片框上的图像，与窗体和图片框的 Picture 属性设定的背景图像有着根本的区别。背景图像不会被擦除，显示的位置不能改变；绘制的图像可以指定位置，可以被擦除方法擦除。

② 使用窗体和图片框的绘图方法绘制的图形和图像与 Shape 控件、Image 控件、Line 控件等也有着本质的不同。绘制的图形图像只是临时显示在屏幕上，基本上不占用内存，而各类控件作为对象，具有属性、事件和方法，除了在屏幕上显示相应的图形图像之外，还会占用一定的内存。

12.3.5　与绘图方法相关的常用属性和方法

1. DrawWidth（线宽）属性和（DrawStyle）线型属性

DrawWidth 属性用来设置绘图方法绘制的图形的线条宽度，以像素为单位。默认值为 1，即一个像素宽。其语法格式为：

```
对象名.DrawWidth [= size]
```

如果 DrawWidth 属性值大于 1，画出的图形是实线；如果 DrawWidth 属性值等于 1，可以画出由 DrawStyle 定义的各种线型。

DrawStyle 属性设置绘图方法绘制的图形的线条样式，取值为 0～6，所代表的线条样式见表 12-9。其语法格式为：

对象名.DrawWidth [= Style]

注意：DrawStyle 属性必须是在 DrawWidth 属性值为 1 时才起作用。

表 12-9 DrawStyle 属性值对应的线条样式

值	常量	线型	值	常量	线型
0	VbSolid	实线（默认值）	1	VbDash	虚线
2	VbDot	点线	3	vbDashDot	点划线
4	vbDashDotDot	双点划线	5	vbInvisible	无线
6	vbInsideSolid	内收实线			

【例 12-11】使用 Line 方法在窗体中绘制一条逐渐加粗的直线。程序代码如下：

```
Private Sub Form_Click ( )
    Dim I  as Integer  '声明变量
    DrawWidth = 1  '设置笔的起始宽度
    Pset (0, ScaleHeight / 2)  '设置起始点
    ForeColor = QBColor(5)  '设置笔的颜色
    For I = 1 To 100 Step 10  '建立一个循环
        DrawWidth = I  '重新设置笔的宽度
        Line - Step(ScaleWidth / 10, 0)  '绘制一条直线
    Next I
End Sub
```

2. FillColor（填充颜色）属性和 FillStyle（填充样式）属性

FillColor 属性用于设置由 Circle 和 Line 方法生成的圆、矩形等封闭图形的内部填充颜色。其语法格式为：

object.FillColor [= value]

其中，value 为 RGB 颜色或系统颜色。

FillStyle 属性用于设置 Shape 控件所画图形的填充样式，也可以设置由 Circle 和 Line 图形方法生成的封闭图形的填充样式。此属性的取值为 0～7，具体意义见表 12-10。其语法格式为：

object.FillStyle [= Style]

其中，Style 为 FillStyle 的样式。

注意：如果 FillStyle 属性设置为缺省值 1（透明），则忽略 FillColor 设置值（窗体除外）。

表 12-10 FillStyle 属性值对应的填充样式

值	常量	填充样式	值	常量	填充样式
0	vbFSSolid	实心	1	vbFSTransparent	透明（默认值）
2	vbHorizontalLine	水平直线	3	vbVerticalLine	垂直直线
4	vbUpwardDiagonal	上斜对角线	5	vbDownwardDiagonal	下斜对角线
6	vbCross	十字线	7	vbDiagonalCross	交叉对角线

【例12-12】用随机的 FillColor 和 FillStyle 属性的设置值在窗体中显示一个圆。程序代码如下：

```
Private Sub Form_Click()
   FillColor = QBColor(Rnd * 15)    '选择随机的 FillColor
   FillStyle = Int(Rnd * 8)    '选择随机的 FillStyle
   Circle (500, 500), 250    '画一个圆
End Sub
```

3. AutoReDraw（自动重画）属性

使用下列图形方法工作，如 Circle、Cls、Line、Point、Print 和 Pset，该属性极为重要。利用这些方法，在改变对象大小或隐藏在另一个对象后又重新显示的情况下，设置 AutoRedraw 为 True，将在 Form 或 PictureBox 控件中自动重绘输出。

运行时，在程序中设置 AutoRedraw，可以在画持久图形（如背景色或网格）和临时图形之间切换。当 AutoReDraw 属性设置为 False（默认值）时，对象中的图形不具有持久性，即当窗体或图片框全部或部分被其他窗体遮盖再重新显示时，绘图方法产生的图形不会被自动重画，对象上的图形将丢失。当 AutoRedraw 属性设置为 True 时，表示对象的自动重画功能有效，使用绘图方法绘制的图形会被保存在内存中，当窗体或图片框的全部或部分被其他窗体遮盖又显示出来后，图形会自动重画。

【例12-13】在 PictureBox 控件中交替显示两个图形：一个永久的实心圆和临时的垂直线。单击 PictureBox 画或重画这些线。调整窗体的大小，要求重画临时的图形。对应的程序代码如下：

```
Private Sub Form_Load ( )
   Picture1.ScaleHeight = 100    '设置比例为 100
   Picture1.ScaleWidth = 100
   Picture1.AutoRedraw = True    '打开 AutoRedraw
   Picture1.ForeColor = 0    '设置 ForeColor
   Picture1.FillColor = QBColor(9)    '设置 FillColor
   Picture1.FillStyle = 0    '设置 FillStyle
   Picture1.Circle (50, 50), 30    '画一个圆
   Picture1.AutoRedraw = False    '关闭
End Sub
Private Sub Picture1_Click ( )
   Dim I    'Declare variable
   Picture1.ForeColor = RGB(Rnd * 255, 0, 0)'选择随机颜色
   For I = 5 To 95 Step 10    '画线
      Picture1.Line (I, 0)-(I, 100)
   Next
End Sub
```

4. Cls（清除图形）方法

Cls 方法用来清除窗体或图片框上由 Print、Pset、Line、Circle 等方法输出的文字、图形

和图像。清除之后，CurrentX 和 CurrentY 属性值都被设为 0。其格式为：

```
[object.] Cls
```

其中，object 是窗体或图片框的对象名；Cls 方法没有参数。

Cls 方法不会清除窗体和图片框上由 Picture 属性设置的背景图像，更不会清除窗体或图片框上的控件对象。

● 习 题 12

一、选择题

1. 坐标系中默认的刻度单位是缇，可以根据需要，用（　　　）属性来改变其刻度单位。

A. DrawStyle 属性　　　　　　　　　　B. ScaleHeight 属性

C. ScaleWidth 属性　　　　　　　　　　D. ScaleMode 属性

2. 执行下列程序段后，窗体 Form1 右下角的坐标为（　　　）。

```
Form1.ScaleTop=1
Form1.ScaleLeft=1
Form1.ScaleHeight=-2
Form1.ScaleWidth=2
```

A.（1,1）　　　　B.（1,2）　　　　C.（-2,2）　　　　D.（3,-1）

3. 当使用 Circle 方法画圆后，当前坐标在（　　　）。

A.（0,0）　　　　B. 画圆起点　　　　C. 画圆终点　　　　D. 圆的中心

4. 执行指令 "Line (1200,1200)-Step (1000,500)" 后，CurrentX＝（　　　）。

A. 2200　　　　B. 1200　　　　C. 1000　　　　D. 1700

5. 通过设置 Line 控件的（　　　）属性，可以绘制虚线、点线、点划线等各种样式的图形。

A. Line　　　　B. Style　　　　C. FillStyle　　　　D. BorderStyle

二、填空题

1. 一个坐标系统通常包括_____、_____及_____等几方面内容。

2. 标准坐标系统的设置为：_____为坐标原点（0,0），x 轴的方向为_____，y 轴的方向为_____。自定义坐标系统的原点位置和坐标的高度及宽度由_____、_____、_____、和_____这 4 个属性决定。

3. Visual Basic 使用_____和_____属性设置或返回当前坐标的水平坐标和垂直坐标。

4. 在 Visual Basic 中采用 RGB 颜色模型，即任何颜色都是由_____、_____、_____3 种颜色按不同比例混合而成的。

三、简答题

1. 什么是容器？Visual Basic 哪些对象可以用作容器？

2. Visual Basic 中提供图的控件有哪些？

3. PictureBox 控件和 Image 控件有什么区别？

4. Image 控件的 Picture 和 Stretch 属性有什么作用？

5. 使用 Circle 方法可以画出哪几种几何图形？

四、程序设计题

1. 编写一个程序，用 Line 方法画出一个正五角星。

2. 编写一个程序，画出函数 y=sin(x)+cos(x)的曲线图。

3. 输入某班学生某门课程的成绩，统计成绩在 90～100 分、80～89 分、70～79 分、60～69 分和不及格等各个分数段的人数，且以饼形图的形式显示各个分数段人数占总人数的比例。

第13章

数据库程序设计

13.1 数据库概念和 SQL 语言基础

13.1.1 数据库基本概念

数据库技术用于对所有相关数据实现统一、集中、独立、高效的管理。数据独立于应用程序，可以为不同用户共享。在当今数据大爆炸的时代，利用数据库技术和计算机的高速处理能力才能对大量的数据及时地处理和分析。下面是有关数据技术的一些相关概念。

1. 数据库（Database）

数据库是指以一定的组织方式存储在一起的相关联的数据集合。数据库独立于应用程序，可以同时为多个应用程序服务，以达到数据共享的目的。

2. 数据库管理系统（DataBase Management System，DBMS）

DBMS 是在操作系统上的一个系统软件，用于对数据库进行维护、执行用户对数据的请求操作命令（如查询、存储、更新等）的一个软件系统。也就是说，用户是通过 DBMS 来操纵、使用数据库的数据的。当前流行的 DBMS 有 Microsoft Access、Microsoft SQL Server、Oracle 等。

3. 数据库应用软件

数据库应用软件是指用 Visual Basic 等开发工具开发的，实现某种特殊功能的一个软件系统。如人事管理系统、学生管理系统等。

4. 数据库系统

数据库系统是用于管理数据库的一个系统，包括数据管理员、数据库、数据库管理系统、数据库应用程序，以及相关的计算机支撑系统。

13.1.2 关系数据库简介

数据库（Database）是长期存储在计算机内，有组织的、统一管理的相关数据的集合，数据库能为多种用户共享。根据数据的组织形式，可以将数据库分为层次型、网状型和关系型结构。目前，最常用的是关系型数据库。

针对关系型数据库进行管理的软件称为关系型数据库管理系统（DataBase Management System，DBMS），如 Access、SQL Server、Oracle 等都是关系数据库管理系统。

一个关系型数据库是由若干个关系（表：Table）组成的，通过建立表之间的关联关系来定义结构。不管表在数据库文件中的物理存储方式如何，都可以把它看成一组行和列。下面介绍几个关系型数据库的相关概念。

1. 关系（表）

表是一种按行与列排列的相关信息的逻辑组，类似于 Excel 中的工作表。一张表可以有若干个数据项。例如，学生信息表包含学号、姓名、性别、年龄、地址等数据项（表 13-1）。

表 13-1 学生信息表

学号	姓名	性别	出生日期	电话号码	家庭住址
201009001	张三丰	男	1992.10.1	13989870987	江西南昌
201009002	李思思	女	1991.8.8	13709820431	四川绵阳

2. 字段

数据库表中的每一列称为一个字段。表是由其包含的各种字段定义的，每个字段描述了它所含有的数据。创建数据表时，需要为每个字段指定数据类型、宽度等属性。

3. 记录

表中的每一行称为一条记录。一般来说，数据库表的记录必须唯一，即创建数据库表的记录时，任意两行都不能完全相同，能唯一区别记录的字段称为关键字。例如，学生信息表中的学号就是关键字，即表中不能含有两个学号相同的学生记录。

4. 索引

为了便于查找，可以在数据库的表中的字段建立索引来加快查找速度。例如，若需要对学生信息表的姓名字段进行经常查询操作，要对姓名字段建立索引，以提高查询的速度。

13.2 可视化数据管理器 VisData

Visual Basic 6.0 为用户提供了功能强大的可视化数据管理器，使用这个工具可以生成多种类型的数据库，如 Microsoft Access、Dbase、FoxPro、Paradox、ODBC 等。利用可视化数据管理器可以建立数据库表，对建立的数据库表进行添加、删除、编辑、过滤、排序等基本操作，以及进行安全性管理和对 SQL 语句进行测试等。

下面就以学生数据库为例来阐明可视化数据管理器 VisData 的应用，该数据库中包括学生信息表（StudentInfo）、课程表（Course）和成绩表（Score），这三张表的结构分别见表 13-2～表 13-4。

表 13-2　学生信息表（StudentInfo）

字段名	类型	宽度
学号（SNo）	文本	10
姓名（SName）	文本	10
性别（Gender）	文本	2
出生日期（Birthday）	日期	默认
电话号码	文本	15
家庭住址	文本	50

表 13-3　课程表（Course）

字段名	类型	宽度
课程号（CNo）	文本	10
课程名（CName）	文本	10
学分（Credit）		

表 13-4　成绩表（Score）

字段名	类型	宽度
课程号（CNo）	文本	10
课程名（CName）	文本	10
成绩（Grade）	数值	

13.2.1　创建数据库

利用可视化数据库管理创建数据库的步骤如下：

① 单击 Visual Basic "外接程序" 菜单中的 "可视化数据管理器" 菜单项，启动 Visdata，弹出如图 13-1 所示的窗口。

② 单击 VisData 窗口中 "文件" 菜单下的 "新建" 菜单项，出现数据库类型选择菜单。单击数据库类型菜单中的 Microsoft Access，将出现版本子菜单，在版本子菜单中选择要创建的数据库版本 7.0。

③ 这时出现新建数据库对话框。在此对话框中，输入要创建的数据库名 "Student"，并选择要保存数据库文件的文件夹，单击 "保存" 按钮保存数据库文件。

④ 保存以后，在可视化数据库管理器 Visdata 窗口中出现 "数据库窗口" 和 "SQL 语句" 窗口，如图 13-2 所示。"数据库窗口" 以树形结构显示数据库中的所有对象。"SQL 语句" 窗口用来执行任何合法的 SQL 语句，并可保存。用户可使用窗口上方的 "执行""清除""保存" 按钮对 SQL 语句操作。

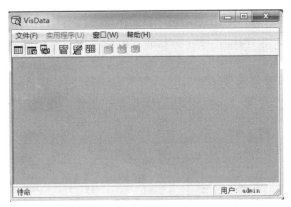

图 13-1　VisData 窗口

图 13-2　VisData 数据库管理窗口

13.2.2　往数据库中添加表

在上述已建立的数据库 Student 中添加学生信息表（StudentInfo）的操作步骤如下：

① 在"数据库窗口"中单击鼠标右键，在快捷菜单中选择"新建表"菜单项，出现如图 13-3 所示的"表结构"对话框。

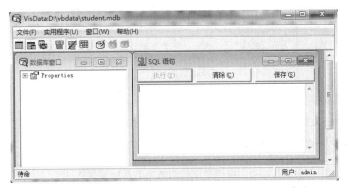

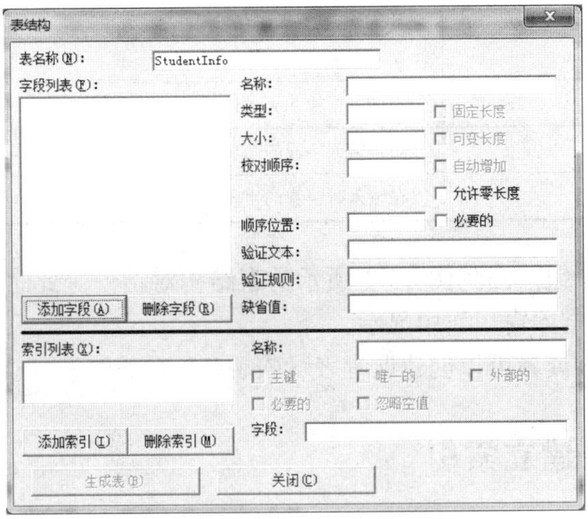

图 13-3　VisData 表结构对话框窗口

② 在这个对话框中，输入新表的名称"StudentInfo"。

③ 单击"添加字段"，弹出图 13-4 所示的"添加字段"对话框。在"名称"文本框中输入字段名"sno"，然后单击"类型"下拉列表框，选择类型为"text"。在"大小"文本框中输入字段长度为 10。因学号字段不能为空，因此，"必要的"属性选中。然后单击"确定"按钮。这样就增加了一个学号（sno）字段。重复上述操作，直到所有字段添加结束。

图 13-4   "添加字段"对话框

对一个字段的定义包括很多属性，在定义数据表结构时，要根据实际需要灵活定义。对添加字段的对话框的属性定义说明见表 13-5。

表 13-5   添加字段的对话框的属性定义说明

属性名称	说明
名称	数据表的字段名称，为方便编程，建议用英文进行命名
类型	指定字段的类型
大小	字段数据的宽度
固定字段	字段宽度固定不变
可变字段	字段宽度可变
允许零长度	表示空字符串可作为有效的字段值
必要的	表示该字段值不可缺少
顺序位置	字段在表中的顺序位置
验证文本	当向表中输入无效值时所显示的提示
验证规则	验证输入字段的简单规则
默认值	在输入时设置的字段初始值

④ 单击"关闭"按钮，回到图 13-3 所示的表结构对话框。此时一张学生信息表创建完毕。新建的表会在"数据库窗口"中显示。

⑤ 根据上述步骤，读者可以创建课程表（Course）和成绩表（Score）。

13.2.3   对数据表建立索引

对于数据表中主关键字或当表中某些需要经常对其操作的字段，可以这些字段建立索引，以提高数据查询的速度。利用 VisData 建立索引的步骤为：

① 在图 13-2 所示窗口中的"数据库窗口"的表上单击右键，在弹出的菜单中选择执行"设计（D）…"命令，显示图 13-3 所示的"表结构"对话框中。用户可以修改数据表的结构。

② 单击对话框的"添加索引"按钮，出现添加索引对话框，如图 13-5 所示，在"名称"中输入索引的名称，如"sno_index"，选择索引字段为"sno"，然后单击"确定"按钮，这样，就对 StudentInfo 表中的 Sno 字段建立了索引。

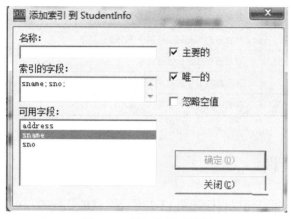

图 13-5　添加索引对话框

③ 单击"关闭"按钮，表的索引结构显示在"数据库窗口"中。

读者可根据上述步骤分别对课程表的 Cno 字段和课程表的 Sno、Cno 字段建立索引。

13.2.4　数据表的数据增加、删除、修改操作

当建成一个表后，它仅仅是一个表结构，表中没有数据，还需要向其中添加数据记录。对表中的数据操作有添加新记录、删除不需要的记录和修改错误码的数据记录等。用 VisData 对数据的操作步骤如下：

① 在数据库窗口中，用鼠标右键单击待操作的数据表，在弹出的快捷菜单中执行"打开"菜单项，出现如图 13-6 所示的 Dynaset 记录操作对话框。

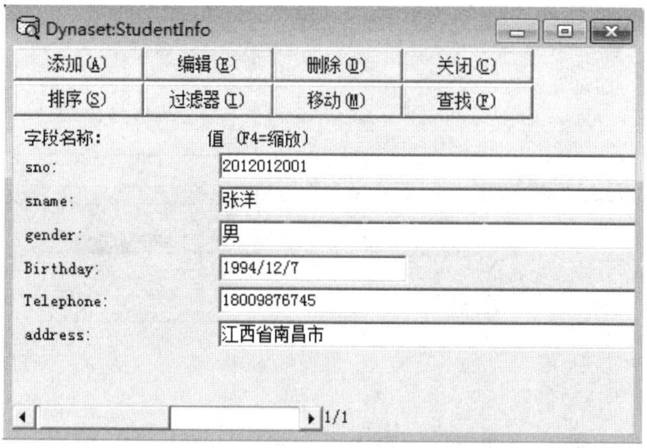

图 13-6　Dynaset 记录操作对话框

② 在这个对话框中可以对数据库中的记录进行多种操作。对话框中各按钮的功能说明见表 13-6。

表 13-6　Dynaset 记录操作对话框按钮功能说明

按钮名称	功能说明
添加	向表中添加新的数据记录
编辑	修改当前的数据记录
删除	删除当前有数据记录
排序	对表中的所有记录按某个字段进行排序
过滤器	对数据根据条件进行过滤
移动	移动数据记录的顺序
查找	在表中查询符合条件的记录

13.2.5　数据的查询

若已掌握了 SQL 语言，可以直接在图 13-2 所示的 SQL 语句窗口中直接输入 SQL 语句，然后单击"执行"按钮，执行 SQL 语句，得到查询结果。例如，针对前面的三张表：学生信息表（StudentInfo）、课程表（Course）、成绩表（Grade），查询学生选择课程的成绩，可用如下的 SQL 语句：

```
select StudentInfo.sno,sname,cname,score
from StudentInfo,Course,Grade
where StudentInfo.Sno=Grade.sno and Course.cno=Grade.cno
```

若对 SQL 语言不熟悉，可以通过 VisData 的实用程序"查询生成器"来构造 SQL 查询语句，用来生成、查看、执行和保存 SQL 查询。生成的查询条件将作为数据库的一部分保存。使用查询生成器建立上述查询，其步骤如下：

① 打开可视化数据管理器 VisData，然后打开或建立待查询的数据库。

② 在"实用程序"菜单中执行"查询生成器"选项命令，显示查询生成器对话框（图 13-7）。在"表"列表对话框中列出了该数据库中包含的所有数据表。

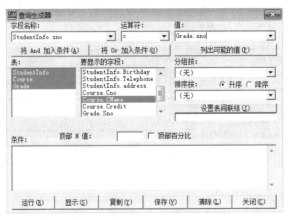

图 13-7　查询生成器

③ 在"表"列表框中，单击要选择的表，可以同时选择多张表，我们把三张表都选上。选中表的所有字段将出现在"要显示的字段"列表框中，在该框中选中所有查询时要显示的列的字段名，这里选择 StudentInfo.sno、StudentInfo.sname、Course.cname、Grade.score 四个字段。

④ 单击对话框中的"设置表间联结"按钮，弹出图 13-8 所示的"联结表"对话框。在对话框"选择表对"中选择表 StudentInfo 和 Grade，在"选择联结上去的字段"中选择 sno，然后单击"给查询添加联结"，这样就建立了表 StudentInfo 和 Grade 的联结。然后，以同样的方法建立表 Course 和 Grade 的联结。

图 13-8　联结表对话框

⑤ 要查看生成的 SQL 查询语句，可以单击"显示"按钮，打开"SQL 查询"对话框，如图 13-9 所示。单击"复制"按钮，可以将 SQL 查询复制到 SQL 语句窗口。读者可以比较生成的 SQL 语句和前面的 SQL 语句。

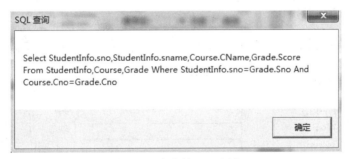

图 13-9　生成的 SQL 语句

⑥ 查询条件设定后，可以单击"运行"按钮查看结果。如果要保存创建的查询，则在"查询生成器"对话框中单击"保存"按钮。

13.2.6　数据窗体设计器

"数据窗体设计器"用以创建数据窗体，并可以把数据窗体添加到当前的 Visual Basic 工程中。使用这个工具，不必编写任何代码，就能创建用于浏览、修改和查询数据的应用程序。创建数据窗体的步骤如下：

① 在"可视化数据管理器"中选择"实用程序"菜单项并执行"数据窗体设计器"命令，出现如图 13-10 所示的"数据窗体设计器"对话框（只有建立或打开一个数据库后，"实用程序"菜单项才有效）。

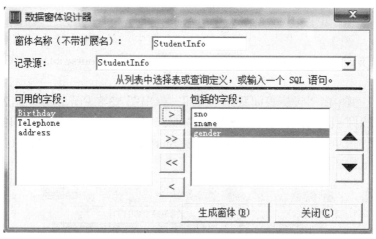

图 13-10   数据窗体设计器

② 在数据窗体设计器对话框中，"窗体名称"选项用来设置窗体的名称，本例输入"StudentInfo"；"记录源"选项用来选择创建窗体所需的记录源，本例选择"StudentInfo"表；"可用的字段"列表框列出了在选定表中可用的字段；"包括的字段"列表框表列出要在窗体上显示的字段。可使用窗体中间部分的按钮对选择的字段进行设置。在"可用的字段"和"包括的字段"两个列表框之间逐条或全部地移动字段。本例选择表中的所有字段。

③ 单击"生成窗体"按钮，数据窗体被加入当前的工程中。生成的窗体的用法和普通窗体的用法一致。生成的窗体如图 13-11 所示。执行该窗体，可以对数据表 StudentInfo 进行添加、删除、修改、浏览等操作。

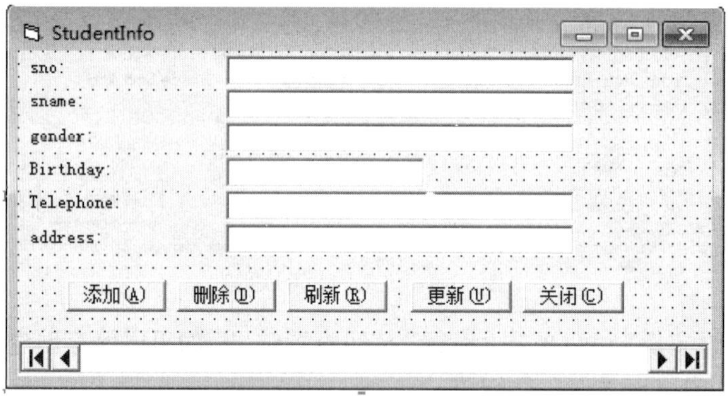

图 13-11   生成的窗体

④ 单击"关闭"按钮，关闭"数据窗体设计器"对话框。

13.3   结构化查询语言

结构化查询语言（Structured Query Language，SQL）是操作数据库的工业标准。SQL 语言进行数据操作，只要提出"做什么"，而无须指明"怎么做"，SQL 语句的执行过程由数据库管理系统自动完成。

SQL 包括了所有对数据库的操作。它主要由四部分组成。

① 数据定义。用于创建数据库的表、索引等数据库的结构。

② 数据操纵。又分为数据查询和数据更新两部分。数据查询用于对数据库中数据进行各种查询操作。数据更新用于对数据库的数据进行插入、删除、修改操作。

③ 数据控制。用于对数据库授权等操作。

④ 嵌入式 SQL 语言。

SQL 中最经常使用的是从数据库中获取数据，从数据库中获取数据称为查询数据库，查询数据库通过使用 SELECT 语句实现，它是一种数据操纵语句。常见的 SELECT 语句包含六部分，其语法形式为：

```
SELECT 字段列表
FROM 表名列表
[WHERE 查询条件
GROUP BY 分组字段
HAVING 分组条件
ORDER BY 字段 [ASC|DESC] ]
```

其中：

① 字段列表部分包含了查询结果要显示的字段清单，字段之间用逗号隔开，字段可以是一个表达式。

② 表名列表是指查询的数据来源于数据表的表，SELECT 后面的字段可以来源于一张表，也可多张表，还可以是对字段的统计、运算等。

③ WHERE 子句用于选择符合条件记录的一个条件表达式。

④ GROUP BY 和 HAVING 子句用于分组和分组过滤处理。它用于把指定字段中有相同值的记录合并成一条记录。

⑤ ORDER BY 子句决定了查找出来的记录的排列顺序，在 ORDER BY 子句中可以指定一个或者多个字段作为排序关键字，ASC 选项代表升序，DESC 选项代表降序。

有关 SQL 语言和 Select 语句的语法，有兴趣的读者可以查阅相关的资料。下面根据上一节创建的 StudentInfo（学生信息表）、Course（课程表）、Grade（成绩表），通过几个例子来说明 SELECT 语句的应用。

1. 查询所有姓李的女同学的学生信息

```
Select * from StudentInfo where sname like "李*" and gender="女"
```

2. 查询所有同学的所学课程和成绩

```
select sname,cname,score  from StudentInfo,course,grade
where studentInfo.sno=grade.sno and course.cno=grade.cno
```

3. 统计每门课程的平均分

```
select course.cno, avg(score) as average  from course, grade
where course.cno=grade.cno group by course.cno
```

13.4　数据控件和数据绑定控件

VisData 可以不用编码，方便操纵数据库，但它操纵数据库的能力有限，不能根据用户一些特定的需求进行设计，这时需要使用数据控件和数据绑定控件。

数据控件（Data）是 Visual Basic 访问数据库的一种利器，添加数据控件并对其某些属性进行设置后，就可对数据库进行操作。但是，它只是负责数据库和工程之间的数据交换，允许将数据从一个记录移动到另一个记录，它本身并不能独立显示数据。如果要显示数据库的访问结果，或往数据库中加入新的数据，还需要文本框或标签等控件。当这些控件和数据控件捆绑在一起时，称为数据绑定控件。常用的数据绑定控件有文本框（TextBox）、标签（Label）、复选框（CheckBox）、图像框（Image）、图片框（PictureBox）、列表框（ListBox）和组合框（ComboBox）等。数据绑定控件必须与数据控件在同一窗体中。

13.4.1　数据控件

Data 控件是 Visual Basic 的标准控件之一，用于实现与数据库的连接。Data 控件通过它的 Connect、DatabaseName、RecordSource 属性的设置来建立数据库的连接。这些属性既可在"属性"窗体中设置，也可在程序运行时用代码来设置或改变。

Data 控件的常用属性如下：

① Connect：用于设置数据控件所要连接的数据库类型。Visual Basic 提供了 7 种可访问的数据库类型，它们分别是：Microsoft Access 的 MDB 文件（缺省值）、Borland dBASE、Microsoft Foxpro 的 DBF 文件、Microsoft Excel 的 XLS 文件、Borland Paradox 的 DB 文件、Lotus 的 WKS 文件、Novell Btrieve 的 DDF 文件、Open DataBase Connectivity（ODBC）数据库。其中，通过 ODBC 数据库，Visual Basic 可以和当前绝大部分的关系型数据库进行连接。

② DatabaseName：用于设置被访问数据库的名称和所在路径。如果在"属性"窗口中单击 DatabasName 属性右边的按钮，会出现一个公用对话框，用于选择相应的数据库。

③ RecordSource：用于设置或返回数据库中所要访问的数据库表名或查询名。

④ RecordsetType：用户设置记录集的类型：Dynaset、Snapshot 或 Table 类型。

注意：Table 类型的记录集代表了数据库中单个的表。它的 RecordSet 对象是当前数据库中真实的数据表，因此，对 Table 类型的记录集的处理速度比其他记录集类型都快，但它需要大量的内存空间。

Dynaset 类型的记录集是一个动态记录集合的本地副本。Dynaset 类型的记录集的记录字段不但可以取自同一个表，还可以取自多个表，这使得它与 Table 类型的记录集相比具有更大的灵活性。

Snapshot 类型的记录集与 Dynaset 类型的记录集相似，但它是一个静态的本地副本。也就是说，用户不能通过 Snapshot 类型的记录集对原始表中的记录进行修改，而只能以只读方式浏览。与 Dynaset 类型的记录集一样，Table 类型的记录集也是存储在本地内存中的。

⑤ ReadOnly：用于决定用户对数据库中的数据是否可以编辑修改（True，可以；False，不可以）。

⑥ Exclusive：用于表示当前用户是否对所访问的数据库独自享用。Exclusive 属性值设置为 True 时，则当前用户独享该数据库，在他关闭数据库之前，其他任何人不能对数据库进

行访问。这个属性的缺省值是 False。

⑦ BOFAction：当 BOFAction 值为 0，控件重定位到第一个记录；当 BOFAction 值为 1，移过记录集开始位，定位到一个无效记录，触发数据控件对第一个记录的无效事件 Validate。

⑧ EOFAction：当 EOFAction 值为 0，控件重定位到最后一个记录；当 EOFAction 值为 1，移过记录集结束位，定位到一个无效记录，触发数据控件对最后一个记录的无效事件；EOFAction 值为 2，向记录集加入新的空记录，可以对新记录进行编辑，移动记录指针，将新记录写入数据库。

数据控件的常用方法如下：

① Refresh 方法：用来建立或重新显示数据控件连接到的数据库记录集。

② UpdateRecord：将数据绑定控件中的当前内容写入数据库中，更新数据记录。

数据控件的常用事件如下：

① Error 事件：当捕获不能被任何应用程序的错误时，激活该事件。

② Reposition 事件：当用户单击数据控件上某个箭头按钮，或者在代码中使用了某个 Move 或 Find 方法使某条新记录成为当前记录时，激发 Reposition 事件。

③ Validate 事件：在一条不同的记录成为当前记录之前，在 Update 方法之前（用 UpdateRecord 方法保存数据时除外）及 Delete、Unload 或 Close 操作之前会触发该事件。

13.4.2　数据绑定控件

数据控件用于实现应用程序与数据库中的一个或多个数据表建立连接，实现对数据表的数据进行存取操作，但不能用于显示数据。Visual Basic 通过数据绑定技术，将一些控件与数据控件中连接的数据表中的字段联系在一些，用来对记录集中的记录进行显示或更新等操作。常用的数据绑定控件有文本框（TextBox）、标签（Label）、复选框（CheckBox）、图像框（Image）、图片框（PictureBox）、列表框（ListBox）和组合框（ComboBox）等。数据库、数据控件、数据绑定控件三者的关系可用图 13-12 表示。

图 13-12　数据库、数据控件、数据绑定控件三者的关系

数据绑定控件通过 DataSource 和 DataField 两个属性与数据控件建立联系，这两个属性说明如下。

DataSource：用来设置与数据绑定控件捆绑在一起的数据控件。

DataField：设置绑定控件所连接数据库中数据表的字段名。

【例 13-1】通过手工方式建立一个浏览学生信息表的界面，如图 13-13 所示。

图 13-13　浏览学生信息表界面

具体设计步骤如下：

① 建立工程文件。单击"新建工程"命令，进入窗体设计器。

② 添加数据控件并设置属性。在窗体上增加一个数据控件 Data1，设置其 Caption 为"浏览学生信息表"，DataBaseName 为对应数据库名"E:\Student.mdb"，RecordSource 为对应的数据表名"StudentInfo"。设置其 Visible 属性为"True"。

③ 添加 6 个 Label 控件，设置它们的 Caption 属性分别为"学号""姓名""性别""生日""电话""地址"，并设置相应的 Font 属性。

④ 添加 6 个 TextBox 控件，设置它们的 DataSource 属性为"Data1"，并分别设置它们的 DataField 属性分别为"sno""sname""gender""birthday""telephone""address"。它们分别对应为数据表"StudentInfo"的字段名。

说明：此程序不需要写程序代码，程序运行时，可以通过 Data 控件的箭头浏览数据记录。

【例 13-2】实现以图 13-14 所示的网络形式显示学生信息表。

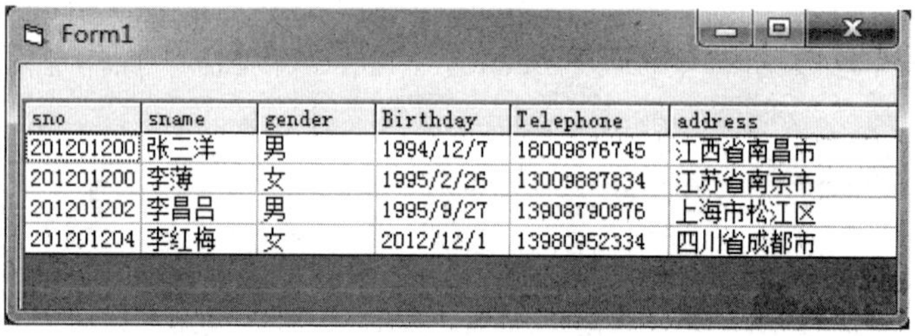

图 13-14　以网格形式显示学生信息表

具体设计步骤如下：

① 建立工程文件。单击"新建工程"命令，进入窗体设计器。

② 添加数据控件并设置属性。在窗体上增加一个数据控件 Data1，设置其 Caption 为"浏览学生信息表"，DataBaseName 为对应数据库名"E:\Student.mdb"， RecordSource 为对应的数据表名"StudentInfo"。设置其 Visible 属性为"False"。

③ 添加 MsFlexGrid 控件并设置其属性。由于 MsFlexGrid 不是 Visual Basic 标准控件，需要通过"工程"的"部件…"菜单命令，在弹出的对话框中选中"Microsoft FlexGrid Control 6.0"，将其图标加入工具箱中。在窗口中设计一个 MsFlexGrid 控件，并设置其 DataSource 属性为"Data1"。

运行该程序，即可显示图 13-14 所示的运行界面。

13.4.3　RecordSet 对象

Data 控件的 RecordSource 属性确定了一个可访问的数据记录集 RecordSet。RecordSet 是 Data 控件的一个属性，是一个对象，因此具有自己的属性和方法。

RecordSet 对象的常用的属性有：

① BOF 和 EOF：当属性值为"True"时，分别表示记录指针是否指向了第一条记录之前和最后一条记录之后。

② AbsolutePosition：该属性为只读，用于返回当前记录的序号。

③ RecordCount：该属性为只读，返回 RecordSet 对象中的记录个数。

④ BookMark：用于返回或设置当前记录集指针的书签，程序中可以用该属性重新定位记录指针。例如：

```
Dim bk1
Bk1=Data1.RecordSet.BookMark      '保存当前记录的指针位置
Data1.RecordSet.MoveLast          '将记录指针移到指向最后一条记录
Data1.RecordSet.BookMark=bk1      '使记录指针指向保存在bk1的位置
```

⑤ ActiveConnection：用于返回 RecordSet 对象所属的 Connection 对象。

⑥ Filter：用于设置 RecordSet 对象中的数据筛选条件。

⑦ Sort：用于设置排序字段。

RecordSet 对象的用于对修改当前记录的记录指针，实现对数据记录的添加、删除、修改、查询等操作。常用方法见表 13-7。

表 13-7　RecordSet 对象的常用方法

方法	功能描述
Move	将记录指针指向指定位置
MoveFirst	将记录指针指向第一条记录，使第一条记录成为当前记录
MoveLast	将记录指针指向最后一条记录，使最后一条记录成为当前记录
MoveNext	下移一条记录，使下一条记录成为当前记录
MovePrevious	上移一条记录，使上一条记录成为当前记录
AddNew	为可更新的 RecordSet 对象添加一条空记录，并使这条空记录为当前记录
Requery	重新执行生成的 RecordSet 对象的查询，更新查询记录集
Update	保存对当前记录的更改
CancelUpdate	取消在调用 Update 方法之前对记录的更改
Delete	删除当前记录，记录指针指向下一条记录

【例 13-3】修改例 13-1，实现对学生信息表的浏览、增加、删除、修改记录的操作。其运行界面如图 13-15 所示。

图 13-15　编辑学生信息表

具体设计步骤如下：

① 继续例 13.1 的步骤，在窗口中增加 7 个 CommandButton 按钮。根据图 13.15，分别设置它们的 Caption 属性，并把这些按钮命名为：cmdFirst、cmdPrev、cmdAdd、cmdDelete、 cmdUpdate、cmdNext、cmdLast。

② 对这些按钮增加相应的 Click 事件，具体事件代码如下。

```
Private Sub cmdAdd_Click( )
    Data1.Recordset.AddNew
End Sub
Private Sub cmdDelete_Click( )
    If MsgBox("真的删除当前记录吗?", vbYesNo, "删除记录") = 1 Then
        Data1.Recordset.Delete
        Data1.Recordset.MoveNext
        If Data1.Recordset.EOF Then
          Data1.Recordset.MoveLast
        End If
    End IfEnd Sub
Private Sub cmdFirst_Click( )
    Data1.Recordset.MoveFirst
End Sub
Private Sub cmdLast_Click( )
    Data1.Recordset.MoveLast
End Sub
Private Sub cmdNext_Click( )
    With Data1.Recordset
        .MoveNext
        If .EOF Then
            .MoveLast
            MsgBox "这已是最后一条记录"
        End If
    End With
End Sub
Private Sub cmdPrev_Click( )
    With Data1.Recordset
        .MovePrevious
        If .BOF Then
            .MoveFirst
            MsgBox "这已是第一条记录"
        End If
    End With
End Sub
Private Sub cmdUpdate_Click( )
    Data1.Recordset.Update
End Sub
```

13.5　使用 ADO 访问数据

ADO（ActiveX Data Object，数据访问接口）是 ActiveX 外部控件，是 Microsoft 公司提出的一种数据库访问接口。它的用途及外形都和 Data 控件的相似，但它是通过 Microsoft ActiveX 数据对象（ADO）来建立对数据源的连接的，凡是符合 OLE DB 规范的数据源，都能连接。

ADO 采用了 OLE DB 的数据访问模式，是数据访问对象 DAO、远程数据对象 RDO 和开放数据库互连 ODBC 这 3 种方式的扩展。ADO 数据控件通过属性实现了对数据源的连接。创建连接时，可以采用下列源之一：一个连接字符串，一个 OLE DB 文件（MDL），一个 ODBC 数据源名称（DSN）。当使用 DSN 时，无须更改控件的任何其他属性。

13.5.1　ADO 对象模型

ADO 对象模型定义了一个可编程的分层对象集合。它主要包括 Connection、Command 和 RecordSet 对象，以及几个集合对象 Errors、Parameters 和 Fields 等。这些对象的作用如下：

① Connection：用于建立一个和数据源的连接。一般在建立连接之前，先建立一个连接字符串。

② Command：用于存放 SQL 命令或存储过程引用的相关信息。

③ RecordSet：查询得到的一组记录组成的记录集。

④ Error：在访问数据时，由数据源返回的错误信息。

⑤ Parameters：与命令对象相关的参数集，命令对象的所有参数都包括在它的参数集中。

⑥ Fields：包含了记录集中某个字段的信息。

⑦ Properties：包含由提供者定义的 ADO 对象的动态属性集。

要想在程序中使用 ADO 对象，必须先为当前工程引用 ADO 的对象库，引用方式是执行"工程"菜单的"引用"命令，启动"引用"对话框，在列表中选取 Microsoft ActiveX Data Object 2.0 Library 选项。

13.5.2　ADO 数据控件

要使用 ADO 数据控件，先要将控件加入工具箱中。其方法是：通过"工程"→"部件"菜单选择 Microsoft ADO Data Control 6.0（OLE DB）选项，将 ADO 数据控件添加到工具箱中。

ADO 数据控件的使用与 Visual Basic 的内部数据控件相似，它也可通过使用 ADO 数据控件的基本属性的设置来建立与数据库的连接。它的常用方法和事件与 Data 控件的方法和事件大致相同，下面介绍 ADO 数据控件的常用属性。

① ConnectionString：用于连接数据源，它包含了四个用于与数据源建立连接的参数。

Provider：设置连接的数据源名称。

FileName 设置基于数据源的文件名。

RemoteProvider 设置在远程数据服务器打开一个客户端时所用的数据源名称。

RemoteServer 设置在远程数据服务器打开一个服务器端时所用的数据源名称。

② RecordSource：用于设置或返回数据库中所要访问的数据库表名或查询名。

③ ConnectionTimeOut：用于设置数据连接的超时。

④ MaxRecords：设置一个查询中最多能返回的记录数。

ADO 数据控件的属性可以在程序代码中设置，也可在它的属性页进行设置。下面介绍一种通过向导建立数据库连接的步骤。

【例 13-4】使用 ADO 数据控件连接前面创建"Student.mdb"数据库。

具体实现过程为：

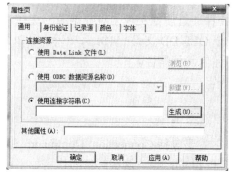

图 13-16　"属性页"对话框

① 新建一个工程文件，在窗体上添加 ADO 数据控件，控件名采用默认名"Adodc1"。

② 右击 ADO 控件，在弹出的快捷菜单中选择"ADODC 属性"选项，将打开如图 13-16 所示的"属性页"对话框。

③ 在"通用"选项卡中选择"使用连接字符串"选项，单击"生成"按钮，打开"数据链接属性"对话框，在其中可以设置 ADO 控件的窗口中的 ConnectionString 属性。在"数据链接属性"对话框的"提供程序"选项卡中，选择适当的 OLE DB 的提供者（本例选择 Microsoft Jet 3.51 OLE DB Provider 项）。

④ 单击"下一步"按钮，进入"数据链接属性"对话框的"连接"选项卡，如图 13-17 所示。在其中选择需要使用的数据库文件（本例选择 Student.mdb），然后单击"测试连接"按钮，验证连接的正确性。最后单击"确定"按钮完成 ConnectionString 属性的设置。

⑤ 设置 ADO 数据控件的 RecordSource 属性。打开图 13-16 所示"属性页"窗口中的"记录源"选项卡或直接用 ADO 数据控件的属性窗口的 RecordSource 属性，设置记录源的命令类型为 8，在命令文（SQL）中输入图 13-18 所示 SQL 语句。

图 13-17　"连接"选项卡

图 13-18　"记录源"对话框

关闭记录源属性页。此时，已完成了 ADO 数据控件的连接工作。

13.5.3 ADO 上的数据绑定控件

由于使用了 ADO 数据控件，Visual Basic 还在原有的数据绑定控件上基础上，增加了一些新的 ADO 数据绑定控件，如 DataGrid、DataCombo、DataList、DataReport、MsChart 等控件，用于连接不同类型的数据。

【例 13-5】使用 ADO 数据控件和 DataGrid 控件实现对学生成绩数据的查询，要求显示学生的学号、姓名、课程名和成绩字段的数据。运行界面如图 13-19 所示。

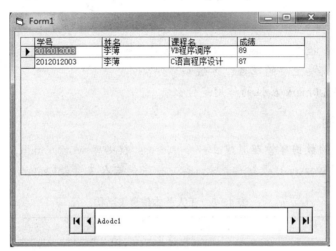

图 13-19 例 13-5 运行界面

具体的实现步骤如下：

① 使用 ADO 数据控件，根据例 13-4 的步骤，创建与数据库的连接。

② 首先通过"工程"的"部件…"菜单命令，在弹出的对话框中选中"Microsoft DataGrid Control 6.0"，将其图标加入工具箱中。然后在窗体中加入 ADO 数据绑定控件 DataGrid，命名为 DataGrid1。

③ 设置 DataGrid 控件的相关属性。将 DataGrid 控件的 DataSource 属性设置为"Adodc1"。右键单击 DataGrid 控件，在弹出式菜单中执行"插入"命令，插入两列。再右键单击 DataGrid 控件，在弹出式菜单中执行"属性"命令，在弹出的对话框的"列"选项卡中对每列的标题进行设置，如图 13-20 所示。

图 13-20 "属性页"对话框

运行程序，可以得到如图 13-19 所示的界面。上述程序不需要写程序代码。通过上述例子可以看出，Visual Basic 不用写程序代码或只需写很少的代码，就可设计界面很好的数据库管理程序。

● 习　题 13

一、填空题

1. 根据数据组织形式，可以将数据库分为_____、_____和_____。

2. 一个关系型数据库是由若干张数据表组成的，通过建立_____来定义结构。

3. SQL 包括了所有对数据库的操作。它主要由_____、_____、_____和_____
四部分组成。

4. VB 中记录集有_____、_____、_____三种类型。

二、简答题

1. 使用 TextBox 控件和 Data 控件实现数据绑定时，应该如何设置？

2. 数据控件有哪些主要的属性、方法和事件？

3. 记录集的 Bookmark 属性的作用是什么？

三、程序设计题

1. 使用可视化的数据库管理器建立一个 Access 数据库 worker.mdb，包含两张表。一张
是工人基本信息表（worker），表结构见表 13-8；一张是工人工资表（salary），表结构见表 13-9。

表 13-8　工人基本信息表结构

字段名	类型	宽度	字段名	类型	宽度
工号	Text	12	姓名	Text	10
性别	Text	2	专业	Text	16
学历	Text	8	学位	Text	4
出生年月	Date		工作时间	Date	
照片	Binary		备注	Memo	

表 13-9　工人工资表结构

字段名	类型	宽度	字段名	类型	宽度
工号	Text	12	基本工资	Single	
岗位工资	Single		补贴	Single	
奖金	Single				

当数据库建立后，使用数据库管理器在各表中输入若干条记录。

2. 设计 2 个窗体，通过文本框、标签、图像框等数据绑定控件分别显示 worker 表中的
记录，显示界面自定。对数据控件属性进行设置，使之可以对记录集直接进行增加、修改和
删除操作。（分别使用 Data 控件和 ADO 对象模型完成。）

3. 设计一个窗体，通过使用数据控件和数据网格控件浏览 worker 表内的记录。

参 考 文 献

[1] 谭亮，等. Visual Basic 程序设计 [M]. 北京：中国铁道出版社，2013.

[2] 吴昊，等. Visual Basic 程序设计教程 [M]. 北京：中国铁道出版社，2007.

[3] 龚沛曾，等. Visual Basic 程序设计教程（第 3 版）[M]. 北京：高等教育出版社，2007.

[4] 吕萍丽. Visual Basic 程序设计案例教程 [M]. 北京：北京理工大学出版社，2016.

[5] 李向伟. Visual Basic 程序设计项目化教程 [M]. 北京：北京理工大学出版社，2013.

[6] 薛红梅，等. Visual Basic 程序设计项目教程 [M]. 北京：北京理工大学出版社，2010.

[7] 罗朝盛. Visual Basic 6.0 程序设计实用教程 [M]. 北京：清华大学出版社，2004.